征稽执法（三）

征稽执法（四）

征稽执法（五）

征稽执法（六）

热情服务

海上执法

征稽执法（一）

征稽执法（二）

征稽大厅

征稽站

油站监管

海上征稽

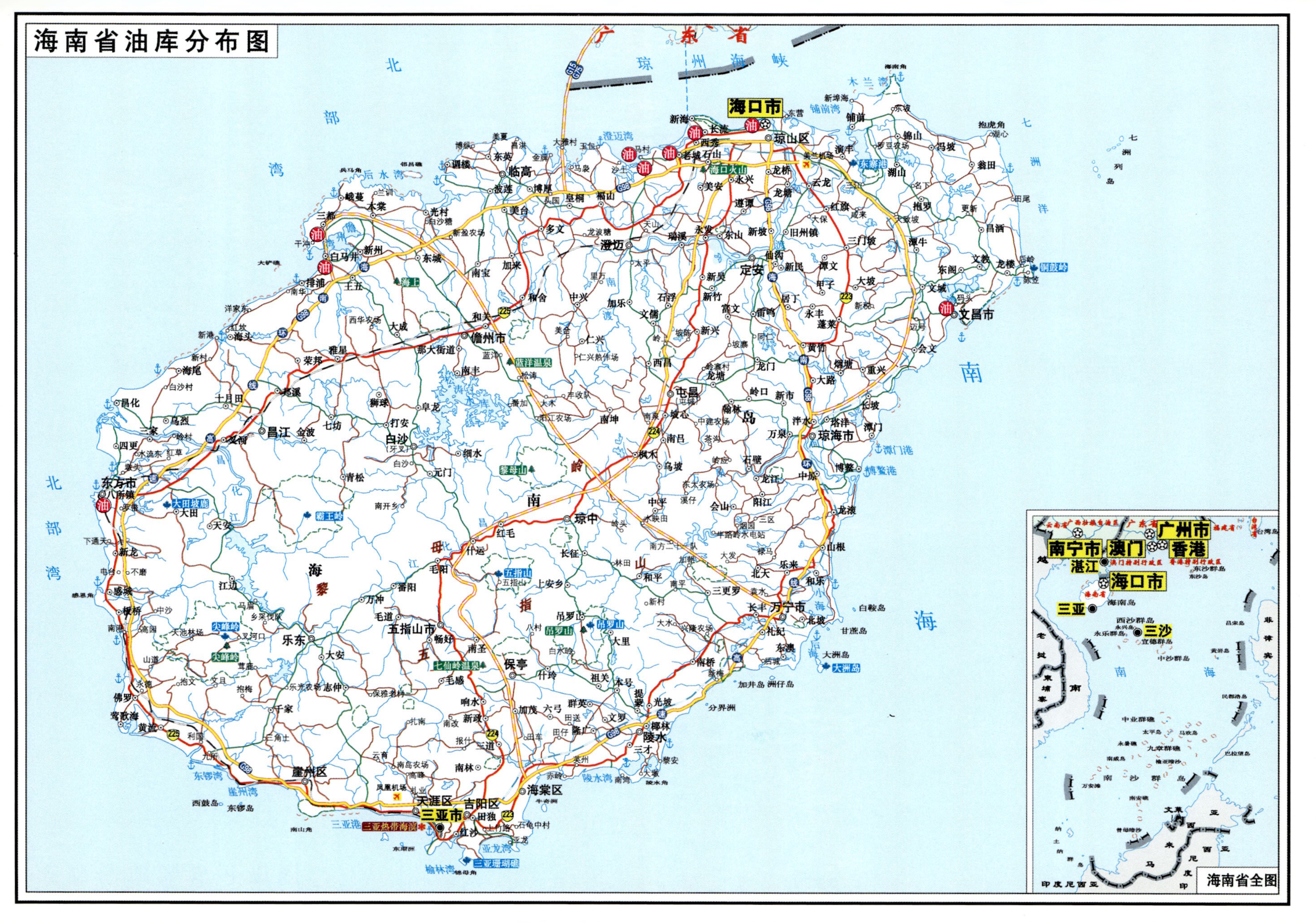
海南省油库分布图
广东省
琼州海峡
北部湾
南海
海口市
琼山区
文昌市
琼海市
万宁市
陵水
三亚市
天涯区
吉阳区
海棠区
崖州区
乐东
东方市
昌江
白沙
儋州市
临高
澄迈
定安
屯昌
琼中
五指山市
保亭
海南岛
五指山
黎母山
海南省全图
广州市
南宁市
澳门
香港
湛江
海口市
三亚
三沙

海南省加油站分布图

广东省
琼州海峡
北部湾
南海
海口市
琼山区
秀英区
文昌市
琼海市
万宁市
陵水
三亚市
天涯区
吉阳区
海棠区
崖州区
乐东
东方市
昌江
白沙
儋州市
临高
澄迈
定安
屯昌
琼中
五指山市
保亭
五指山
吊罗山
尖峰岭
霸王岭
黎母山
七仙岭温泉
蓝洋温泉
海口火山
铜鼓岭
大洲岛
三亚珊瑚礁
三亚热带海滨
七洲列岛
海南省全图
广州市
南宁市
澳门
香港
湛江
三亚
三沙

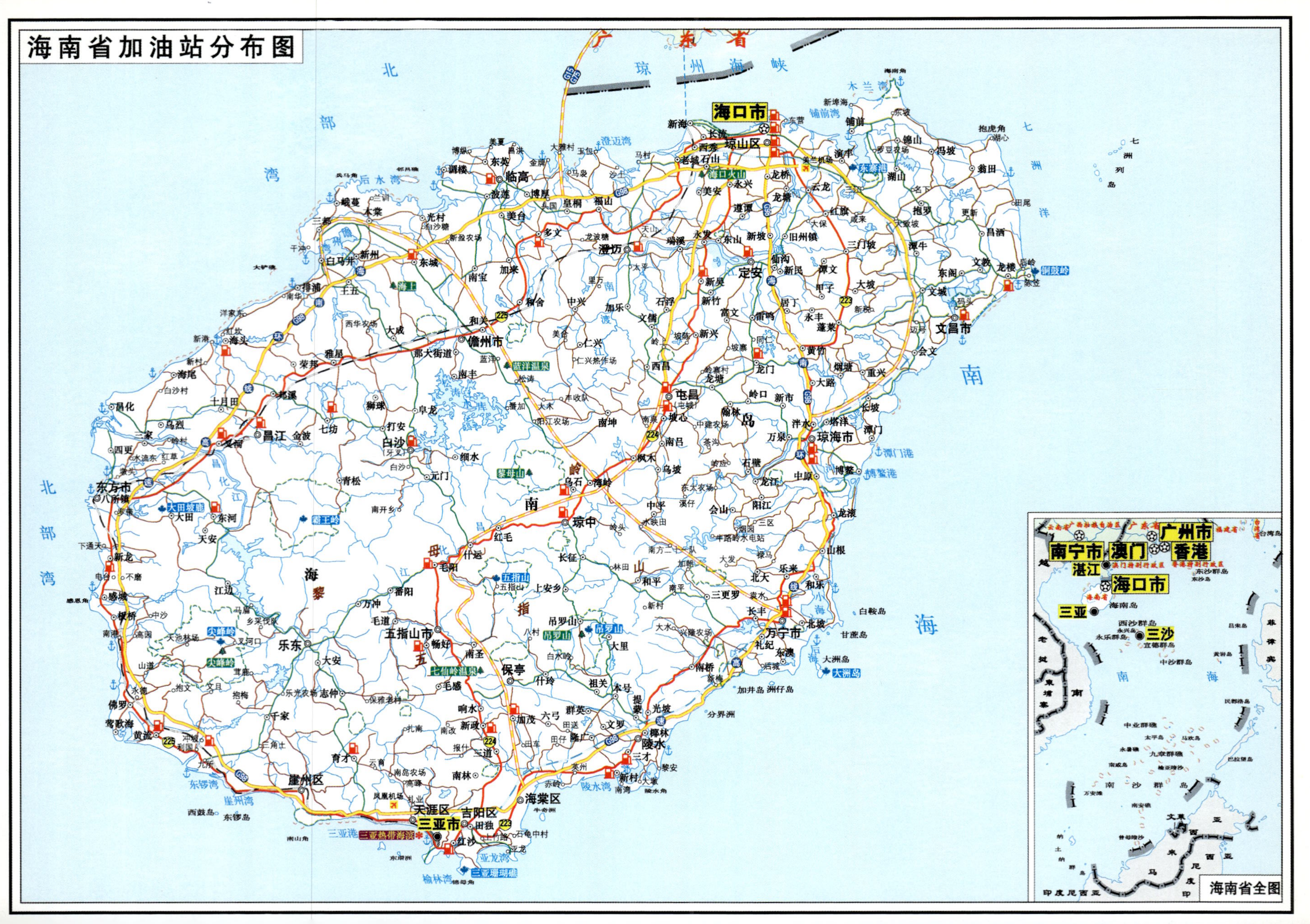

Jiaotong Guifei Zhengji Yewu Gongzuo Shouce

交通规费征稽业务工作手册

海南省交通规费征稽局 编

内容提要

海南交通征稽是伴随着海南建省而建立起来的年轻事业,从"四费合一"到"通行附加费"的征收,每一步都充满着创新与改革,每一步都撰刻着征稽人的辛劳与印记。

本指南根据征稽业务工作的需要,把"征收、稽查、监督"等征稽业务工作流程编辑成册,供广大征稽员工在日常工作中应用。本手册包括征稽工作管理,征收业务管理,稽查业务管理,加油站、油库管理,征稽业务基础工作管理,廉政风险防控和法律法规、条例、规定等7章内容,涵盖了交通征稽所有业务工作,它既是多年征稽业务工作的总结,也是征稽业务管理工作的一次飞跃。

图书在版编目(CIP)数据

交通规费征稽业务工作手册/海南省交通规费征稽局编. —北京:人民交通出版社,2014.5

ISBN 978-7-114-11383-3

Ⅰ.①交… Ⅱ.①海… Ⅲ.①公路费用-征收-海南省-手册 Ⅳ.①F542.5-62

中国版本图书馆 CIP 数据核字(2014)第 080127 号

书　　名: 交通规费征稽业务工作手册
著 作 者: 海南省交通规费征稽局
责任编辑: 刘永芬
出版发行: 人民交通出版社
地　　址: (100011)北京市朝阳区安定门外外馆斜街3号
网　　址: http://www.ccpress.com.cn
销售电话: (010)59757973
总 经 销: 人民交通出版社发行部
经　　销: 各地新华书店
印　　刷: 北京市密东印刷有限公司
开　　本: 787×1092　1/16
印　　张: 11.25
彩　　插: 4
字　　数: 252千
版　　次: 2014年7月　第1版
印　　次: 2014年7月　第1次印刷
书　　号: ISBN 978-7-114-11383-3
定　　价: 40.00元

《交通规费征稽业务工作手册》
编　委　会

主　　编：熊志洲

执行主编：谢玉亮

策　　划：陈爱华

参编人员：陈爱华　张海鹏　蔡亲群　吴俊本　魏　伟
肖景明　莫小彤　周美玲　王晖韫　郑　捷
王建华　吴青云　卓成彪　廖之魁　何　青

与路同在　与车同行

（代前言）

海南交通征稽是伴随着海南建省而建立起来的年轻事业，从“四费合一”到“通行附加费”的征收，每一步都充满着创新与改革，每一步都撰刻着征稽人的辛劳与印记。海南交通征稽人始终践行着“科学征稽、科技征稽、依法征稽和与路同在、与车同行”的交通征稽理念。有路才有车，有车才有征稽人，征稽人托起了海南交通征稽事业的梦想。1994 年至 2012 年共征收通行附加费 170 亿元，为海南的交通建设筹集了巨额资金，作出了积极的贡献。

海南交通征稽事业风雨兼程走过了不平凡的岁月，交通征稽人在不断探索总结、创新发展，在征稽实践中创立形成了一整套征稽业务工作制度、工作流程，为圆满地完成征稽任务提供了有力的支持。根据征稽业务工作的需要，我们把“征收、稽查、监督”等征稽业务工作重新编辑整理，形成《交通规费征稽业务工作手册》，供广大征稽员工在日常工作中应用。本手册共七章，涵盖了交通征稽所有业务工作，它既是多年征稽业务工作的总结，也是征稽业务管理工作的一次飞跃，更是征稽工作的进一步完善、征稽理念的升华。随着海南国际旅游岛建设的深入推进，海南交通征稽工作的步伐也必须与国际旅游岛建设同步，我们期望交通征稽事业向着“服务、监管立体化，执法规范化，管理信息化，反应快速化”的交通征稽业务管理理念继续前行。

当前，全国正在认真贯彻落实党的十八大精神，开展党的群众路线教育实践活动。编写出版《交通规费征稽业务工作手册》，这是切实加强基层服务型党组织建设，使服务人民群众成为基层党建工作的鲜明主题，成为广大共产党员的自觉追求，更好地带领人民群众创造幸福生活的实践活动。我们将以百倍的努力和信心，奋力开创海南交通征稽事业灿烂辉煌的明天。

编　者

2014 年 3 月

目　录

第一章　征稽工作管理

征稽业务管理是征稽工作的核心内容，它包括交通规费征收业务、稽查业务、征稽监督和征稽督察工作。本章以“规费征收业务管理、稽查业务管理、征稽分局征稽业务管理、港口分局征稽业务管理、征稽监督”作为征稽工作的具体业务分列，并以明确征稽业务管理各部门的工作职责为主线，阐述征稽工作流程及相关工作。

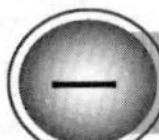 征收业务管理网络图（图1-1）

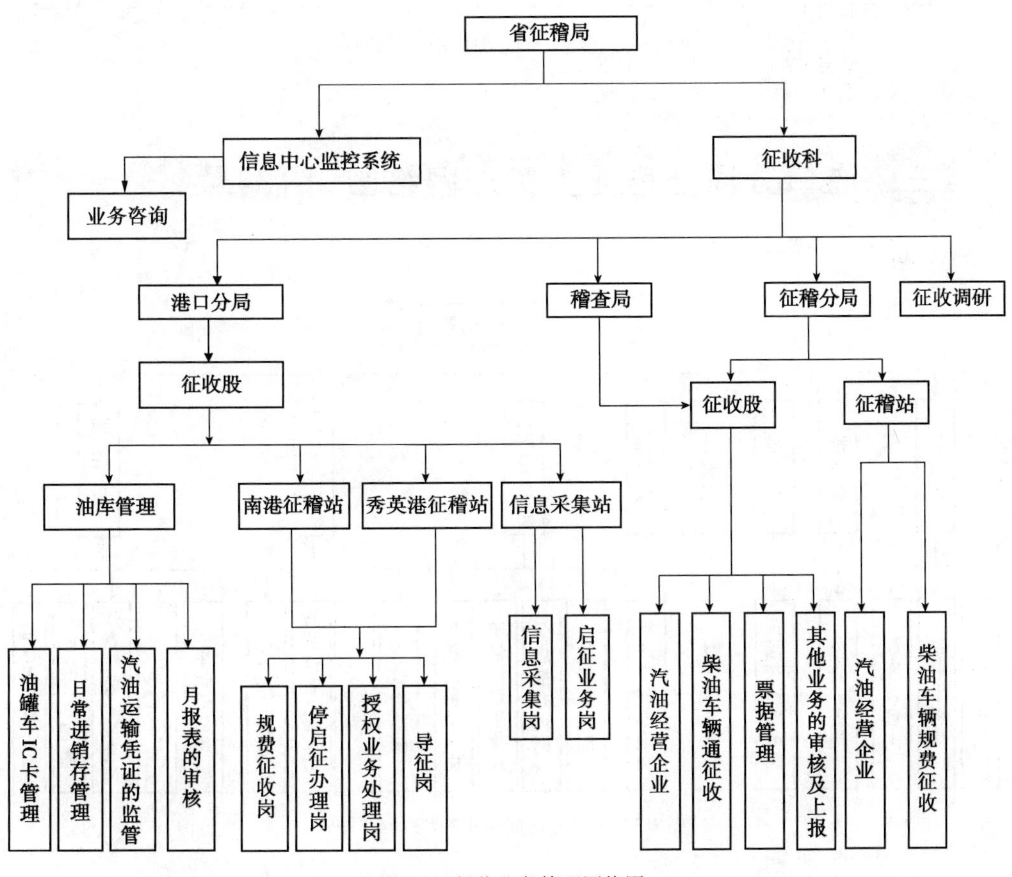

图1-1　征收业务管理网络图

二 征稽分局征稽业务管理网络图(图 1-2)

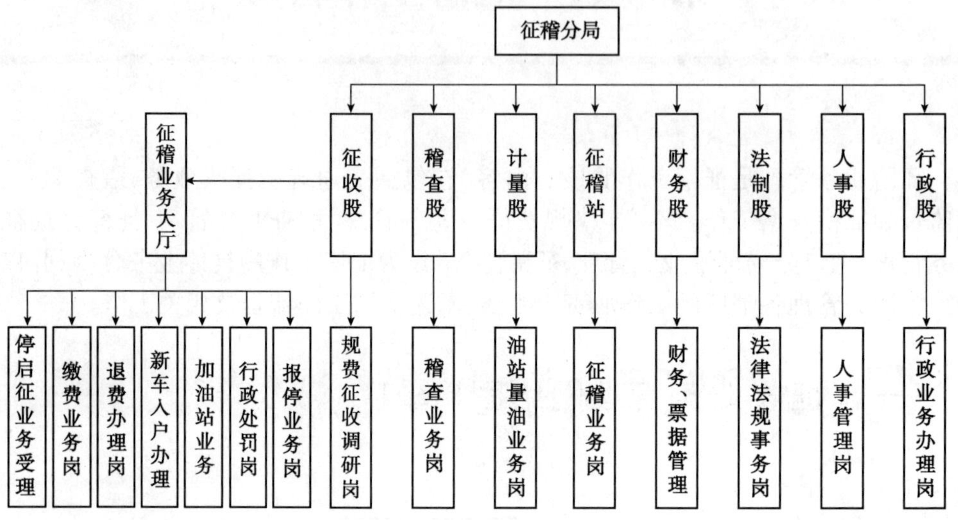

图 1-2 征稽分局征稽业务管理网络图

三 港口分局征稽业务管理网络图(图 1-3)

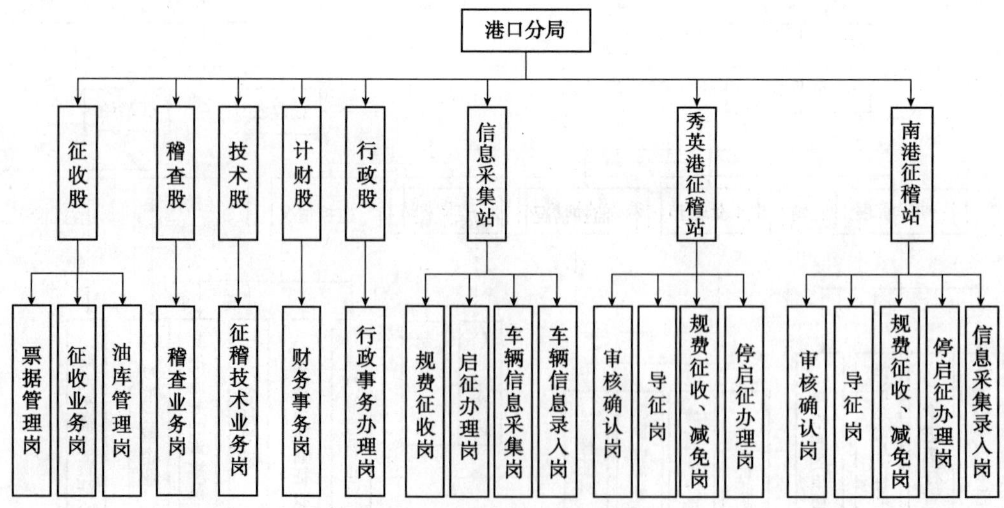

图 1-3 港口分局征稽业务管理网络图

四 稽查业务管理网络图（图 1-4）

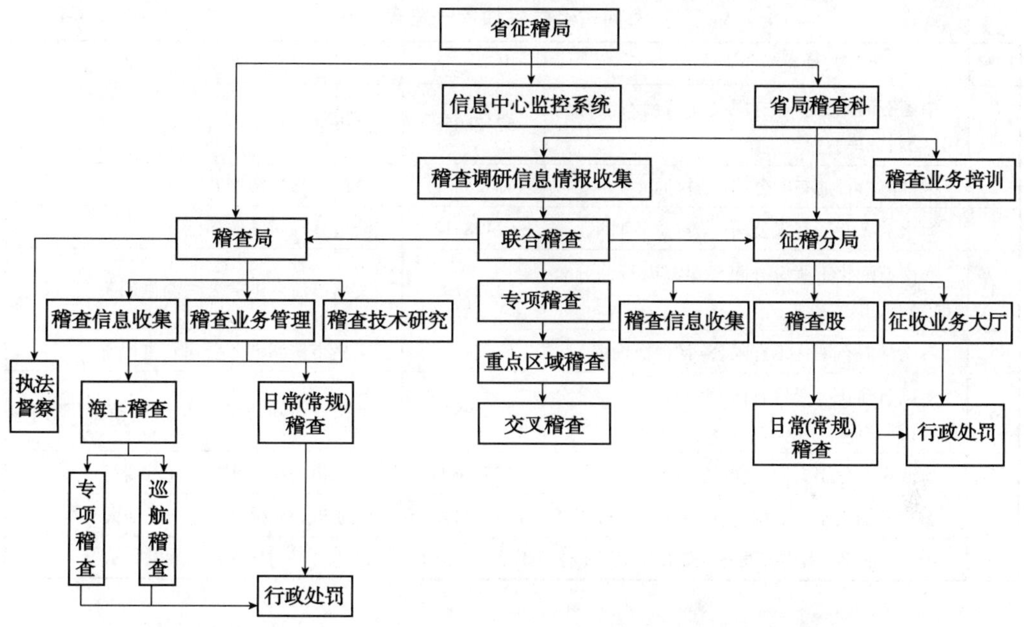

图 1-4　稽查业务管理网络图

五 信息中心征稽业务监控网络图（图 1-5）

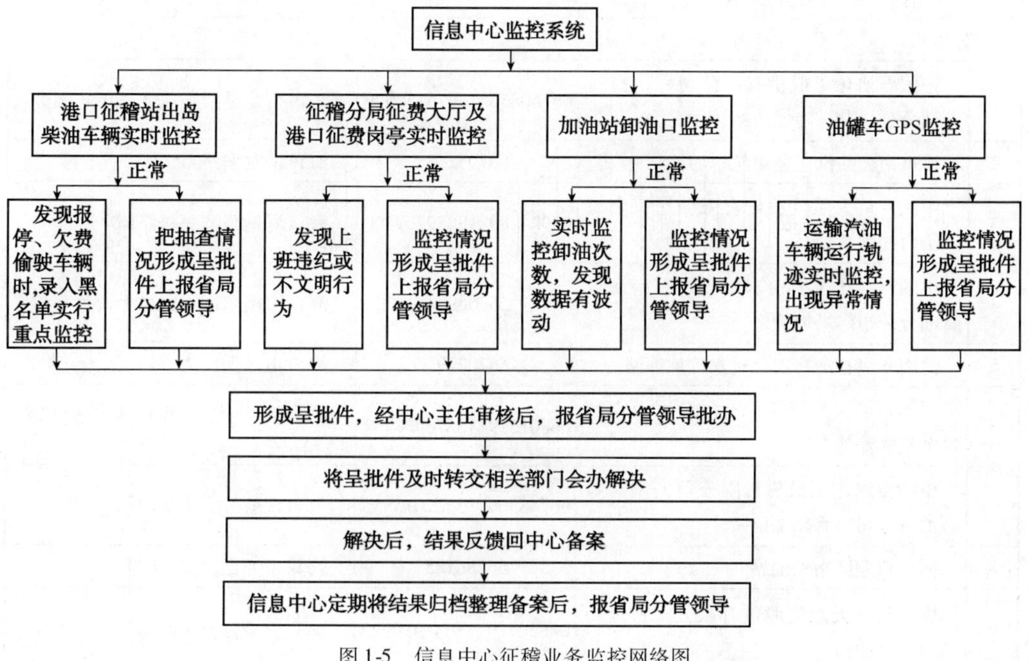

图 1-5　信息中心征稽业务监控网络图

六 海南省经营性油库一览表(表1-1)

海南省经营性油库一览表　　表1-1

序号	汽油批发企业名称	电　话	汽油批发企业地址
1	中国石油化工股份有限公司海南石油分公司(马村油库)	67428058	澄迈县马村镇中石化油库
2	中油海南石油有限公司(马村油库)	67428609	澄迈县马村镇中石油油库
3	海南益岛燃气有限公司(马村益岛油库)	67428312	澄迈县马村镇益岛油库
4	海南石油化工股份有限公司海南石油分公司(清澜油库)	63328197	文昌市清澜港务公司新港码头
5	海南华海石油化工有限公司(清澜油库)	63329915	文昌市清澜港务公司新港码头
6	中国石油化工股份有限公司海南石油分公司(洋浦油库)	28820871	海南省石油公司洋浦油库(炼油厂旁)
7	海南东方化工有限公司(东方油库)	25511600	东方市八所镇疏港大道中路
8	海南石油太平洋有限责任公司(三亚油库)	88913116	三亚市天涯镇红塘海南石油太平洋公司
9	中国石油化工股份有限公司海南石油分公司	13976652056	澄迈县马村镇中石化油库

七 海南省加油站一览表(表1-2)

海南省加油站一览表　　表1-2

序号	加　油　站　名　称	电　　话	加　油　站　地　址
海口分局			
1	中国石油化工股份有限公司海南海口石油分公司龙昆南加油站	66760836、13976776999	海口市龙昆南路西侧昌茂花园旁
2	海口市公共汽车公司龙华加油站	66795274	海口市龙华路42号
3	中国石油天然气股份有限公司海南海口洁力加油站	68924289、18689709200	海口海垦路滨濂村路段
4	中国石油化工股份有限公司海南海口石油分公司广场加油站	65366934	海口市振东区白龙乡上贤沙亮村
5	海南永成石油有限公司永成加油站	66702795	海口市蓝天路29号
6	中国石油天然气股份有限公司海南海口金星加油站	66801579、13876938251	海口市金盘工业区金星路西侧23路
7	中国石油化工股份有限公司海南海口石油分公司海秀路加油站	66748306、13322013886	海口市海秀大道53号
8	海口市龙昆南加油站	66780185	海口市龙昆南路67号
9	中国石油天然气股份有限公司海南海口南沙加油站	68820719、18641919922	海口市南沙路138号

续上表

序号	加 油 站 名 称	电　　话	加 油 站 地 址
10	中国石油化工股份有限公司海南海口石油分公司文明东加气加油站	65326434、13976682398	海口市文明东路北侧
11	海口国贸加油加气站	68550538	海口市金龙路96号
12	海口金城加油站	65310638	海口市海府一横路20号
13	中国石油化工股份有限公司海南海口石油分公司港口加油站	68644846、18689516560	海口市庆龄大道军区车船大队旁
14	海口山达石化有限公司荣山加油站	68725781、13976087009	海口南海大道北侧西秀镇新和村
15	中国石油化工股份有限公司海南海口石油分公司书场加油站	68643229、13907620968	海口市秀英区书场村
16	中国石油天然气股份有限公司海南海口保税区加油站	66860604、13637500478	海口市丘海大道保税区一侧
17	中国石油化工股份有限公司海南海口石油分公司腾飞加油站	68663388、13976605054	海口市秀英海榆中线2公里处
18	中国石油天然气股份有限公司海南海口金垦加油站	68650042、13337616603	海口市海垦路8号
19	海口市海联运输公司加油站	66269368	海口市海甸岛沿江二东路
20	中国石油化工股份有限公司海南石油分公司海口金宇加油站	66768299	海口市金垦路6号
21	中国石油天然气股份有限公司海南海口珠龙加油站	65365060、13078907641	海口市美祥路28号
22	中国石油化工股份有限公司海南海口石油分公司新埠加油站	66241496、13976348765	海口市新埠镇中坡村
23	海南荣泰石油化工有限公司	66715638	海口市道客村8号
24	中国石油天然气股份有限公司海南海口海达加油站	66269167、13098938260	海口市海甸岛海达路西侧
25	中国石油天然气股份有限公司海南海口华茂加油站	68653327、13637500478	海口市秀英大道消防中队院内
26	海口中龙加油站	69085088	海榆中线4公里
27	海口珠龙贸易有限公司沿江加油站	66288441、13876771795	海口市海甸三西路27号
28	海口富通石油实业公司盐业加油	6254559	海口市海甸沿江西一路
29	海口珠龙贸易有限公司文明加油站	65331010	海口市文明东路58号
30	中国石油化工股份有限公司海南海口石油分公司秀英加油站	68912148、18976858899	海口市海秀路秀英村
31	中国石油化工股份有限公司海南海口石油分公司大英山加油站	33226365	海口市大同路24号
32	中国石油化工股份有限公司海南石油分公司海甸加油站	66226365	海口市沿江二路8号

续上表

序号	加油站名称	电话	加油站地址
33	中国石油化工股份有限公司海南海口石油分公司龙岐加油站	65342373、18976307085	海口市海府路163号
34	中国石油化工股份有限公司海南石油分公司龙华加油站	66226365	海口市龙华西路
35	中国石油化工股份有限公司海南海口石油分公司滨海加油站	66773900、13307530820	海口市滨海大道45号
36	中国石油化工股份有限公司海南海口石油分公司中线加油站	68630595、13976223311	海口市秀英中线10公里处
37	中国石油化工股份有限公司海南海口石油分公司三木加油站	66267303	海口市海甸五西路与人民大道交叉处
38	中国石油化工股份有限公司海南石油分公司海口西秀加油站	68620870、13876429777	海口市海秀路立交桥西侧
39	琼华加油站	68712030	海榆西线12公里处
40	中国石油化工股份有限公司海南海口石油分公司达成加油站	65359308、13398903111	海口市文明东路东风桥旁
41	海口鸿笙物业有限公司鸿联加油站	68539603	海口市金贸区滨海大道B5－1
42	中国石油化工股份有限公司海南海口石油分公司金盘加油站	66811566、13322082886	海口市工业大道中段
43	中国石油化工股份有限公司海南海口石油分公司疏港加油站	68918720、13976088765	海口市疏港大道东侧
44	中国石油化工股份有限公司海南海口石油分公司日月加油站	66988656、13337652391	海口市工业大道东侧（坡巷村段）
45	中国石油化工股份有限公司海南石油分公司新兴加油站	66740407、15109810995	海口市面前坡村第二生产队
46	海口港集团船舶燃料供销公司加油站	13005009261	海口市秀英码头
47	海南省直属机关加油站	65356869、13398903111	海口市海府路科技馆东侧
48	中国石油天然气股份有限公司海南海口海港加油站	68624781、13976906633	海口市滨海大道秀英码头
49	中国石油化工股份有限公司海南海口石油分公司南航加油站	66707752、13519899240	海口市南沙路51号
50	中国石油天然气股份有限公司海南海口城西加油站	66894252、13637585581	海口市城西路南航路分叉处
51	中国石油化工股份有限公司海南海口石油分公司正兴加油站	68594888	海口市国兴大道沙亮村旁
52	中国石油化工股份有限公司海南石油分公司海口海塔加油站	65371266	海口市白龙南路与海府路交叉口处
53	中国石油化工股份有限公司海南海口工业大道加油站	66812939、13322051813	海口市工业大道与疏港大道交叉口

续上表

序号	加油站名称	电话	加油站地址
54	中国石油化工股份有限公司海南海口石油分公司海府加油站	65220870、13138987977	海口市海府路152号
55	中国石油化工股份有限公司海南海口海甸五西路加气加油站	66184455、13807598465	海口市海甸五西路18号
56	中国石油化工股份有限公司海南海口石油分公司世纪加油站	66269611、18976238943	海口市海甸五西路世纪大桥旁
57	中国石油天然气股份有限公司海南海口海秀加油站	68920237、13876903156	海口海秀路北侧
58	农垦一供公司秀英村加油站	66674372	海口市农垦供销公司秀英村
59	中国石油天然气股份有限公司海南海口瑞海加油站	68668137、18989911727	海口市丘海大道西侧罗牛山肉联厂房
60	中国石油天然气股份有限公司海南海口盈宾加油站	68590688	海口市龙华区龙昆南路68号
61	海南省白水塘加油站	68645085	海口市疏港大道顶端
62	中国石油化工股份有限公司海南海口石油分公司白龙加油站	65348110	海口市文明东路(武警医院门口)
63	中国石油天然气股份有限公司海南海口悦旅加油站	13307622828	海口市海榆中线3公里处西侧
64	中国石油天然气股份有限公司海南海口金诚加油站	13307622828	海口市海府路106号
65	中国石油化工股份有限公司海南石油分公司海口长风加油站	66103167、13876811566	海南省海口市长堤路长沙坡28号
66	一汽海马汽车有限公司加油站	66820253、13876952021	海口市金盘工业开发区海汽厂内
67	海口市东郊供销社东生门市部	65358681	海口市白龙路
68	中国石油化工股份有限公司海南石油分公司海口货运大道加油站	66978283、13876084730	海口市货运大道与学院路交界处南侧
69	中国石油化工股份有限公司海南石油分公司南海大道南侧加油站	18689912081	海南省海口市南海大道南侧
70	中国石油化工股份有限公司海南石油分公司南海大道北加油站	13617519560	海南省海口市南海大道北侧
71	中国石油化工股份有限公司海南石油分公司海口荣泰加油	66978295、13876383679	海口市苍峄路南侧
72	海南广立达贸易有限公司椰海南加油站	13086016619	
琼山分局			
1	海南海汽器材有限公司府城加油站	65862488	海南府城油库华中林村西侧
2	中国石油天然气股份有限公司海南海口狮子岭加油站	68630717	海口市秀英区永兴镇海榆中线8公里

续上表

序号	加 油 站 名 称	电 话	加 油 站 地 址
3	中国石油化工股份有限公司海南石油分公司海口山高加油站	66226365	府城山高村凤翔路北侧
4	中国石油天然气股份有限公司海南海口城东加油站	65862583	府城镇城东大道下坎西路 12 号
5	中国石油化工股份有限公司海南琼山石油分公司大致坡加油站	65872261	琼山市大致坡镇
6	中国石油化工股份有限公司海南琼山儒传加油站	65852156	琼山市府城镇新大洲大道
7	中国石油化工股份有限公司海南琼山石油分公司绿玉加油站	65872261	琼山市海榆中线 28 公里处
8	琼山市灵山供销社加油站	65721107	琼山市灵山镇灵山墟
9	中国石油化工股份有限公司海南琼山石油分公司灵山加油站	65872261	琼山市灵山镇群山管区
10	中国石油天然气股份有限公司海南海口云龙加油站	13368967799	琼山区云龙镇海榆北路
11	中国石油天然气股份有限公司海南海口凤翔加油站	65900346	琼山市龙昆南凤翔路北侧
12	海口市冲坡岭供销贸易公司加油站	65774108	海口市三江镇眼镜塘管区
13	海南汇伟贸易有限公司琼山路路通加油站	65915065	琼山区府城镇南渡江省公路局仓库
14	中国石油化工股份有限公司海南分公司海口三门坡加油站	13005034883	海口市琼山区三门坡镇海榆路 44 号
15	中国石油化工股份有限公司海南油气昌华加油站	65875551	琼山市府城镇铁桥冯村
16	中国石油化工股份有限公司海南石油分公司桂林洋加油站	65872261	琼山市桂林洋开发区入口处
17	海口美兰小梅加油站	65872261	海口市美兰墟
18	海南省罗牛山热带作物场加油站	65779024	琼山市三江镇罗雅坡
19	中国石油化工股份有限公司海南琼山石油分公司红明加油站	65872261	琼山市三门坡镇(红明农场部)
20	中国石油天然气股份有限公司海南海口琼山加油站	65870310	琼山区府城镇铁桥林村
21	海南路华石油有限公司	13876263868	海口市秀英区海榆中线 11 公里处
22	中国石油化工股份有限公司海南琼山石油分公司达运加油站	65872261	琼山市灵山镇灵山村
23	海口招商加油站	65873616	琼山府城镇林村
24	琼兴联营公司永兴加油站	65483390	琼山市永兴镇中线 11 公里处
25	琼山市甲子供销社加油站	65660061	琼山市文岭墟海榆东干线

续上表

序号	加油站名称	电话	加油站地址
26	中国石油化工股份有限公司海南琼山分公司新坡加油站	65540128	琼山市新坡镇
27	海口谭文供销社加油站	13016237738	海口市琼山区谭文镇
28	海南三江工业贸易公司加油站	1298163502	琼山市国营三江农场场部
29	中国石油天然气股份有限公司海南海口金胜加油站	66199616	海口市翔路南侧龙桥路西侧
30	琼山区龙塘昌威加油站	65513386	琼山龙塘镇铁龙路 14 公里处
31	琼山市金源实业公司加油站	65872964	琼山市府城镇凤翔路
32	中国石油化工股份有限公司海南琼山石油分公司石山加油站	65483639	琼山市秀英区永兴镇永德管区
33	中国石油化工股份有限公司海南石油分公司海口演丰加油站	13976380828	海口市美兰区演丰镇红林路 7 号
34	海口福致嘉祥实业有限公司白石溪加油站	13178900008	海口市琼山区东昌农场白石墟
35	海南省加工厂加油站	65569073	琼山市东山镇
36	琼山市三江农机加油站	65774048	琼山市三江镇(琼文线 21 公里)
37	中国石油化工股份公司海南分公司琼山东线加油站	65872261	海口市琼山区府城镇琼洲大道三公里处
38	中国石油化工股份有限公司海南石油分公司海口红旗镇加油站	15108999619	海口琼山区红旗镇
39	中国石油化工股份有限公司海南石油分公司海口南都加油站	13876212866	海口市琼山区府城镇中山南路 110 号
40	海南新大洲川崎发动机有限公司加油站	65711888	琼山市桂林洋经济开发区灵桂大道 3 号
41	中国石油天然气股份有限公司海南海口道堂加油站	13876633366	海口市秀英区石山镇海榆中线 9 公里处
42	海南石化油气实业公司琼山南渡江加油站	65853278	琼山市府城镇新大洲大道南渡江桥头
43	海口日日加油站	65890351	琼山市红城湖路 29 号
44	海南高速公路综合经营服务公司美仁坡加油站	18907683350	海南东线高速公路 21 公里处
45	琼山天玉加油站	6987236	海口市龙昆南路与工业大道交叉口
46	中国石油化工股份有限公司海南石油分公司美华加油站	13807566808	琼山市灵山镇晋文村村委会儒范村
47	海南石化油气实业公司日夜加油站	65903071	琼山市府城镇凤翔路琼山侨中旁
48	海口华宗农机油料有限公司加油站	65774048	海口市三江镇三江圩
49	中国石油化工股份有限公司海南琼山石油分公司劲力加油站	65872261	琼山市府城镇琼州大道三公里处
50	中国石油化工股份有限公司海南海口石油分公司正茂加油站	13876383679	海口市龙昆南路 116 号

续上表

序号	加油站名称	电话	加油站地址
51	海南美亚实业有限公司美兰加油站	65751217	琼山市演丰镇美兰机场旁
52	琼山市水产供销公司旧州加油站	65656065	琼山市旧州镇
53	琼山长昌农机天天加油站	65660160	琼山市甲子镇
54	琼山市旧州畜牧兽医加油站	65656088	琼山旧州镇
55	中国石油化工股份有限公司海南石油分公司海口天玉加油站	13876212866	海口市府城镇城东大道东侧
56	中国石油天然气股份有限公司海南海口龙桥东加油站	13807577299	东线高速公路 7.5 公里龙桥出口出处东侧
57	中国石油天然气股份有限公司海南海口龙桥西加油站	13807577299	东线高速公路 7.5 公里龙桥出口出处东侧
58	中国石油天然气股份有限公司海南海口琼州加油站	13036016619	海口市琼山大道西侧
59	中国石油化工股份有限公司海南石油分公司海口白驹大道加油站	13876212866	海口市琼州大桥以东白驹大道 1.5 公里处南侧
60	中国石油天然气股份有限公司海南海口白驹东加油站	15008093977	海口市白驹大道 8 公里处东北侧
61	海口珠龙贸易有限公司海文胜加油站	13807580008	海口市白驹大道 39 号
62	中国石油化工股份有限公司海南石油分公司海口观澜湖加油站	18689734265	海口观澜湖度假区内
文昌分局			
1	中国石油化工股份有限公司海南文昌龙楼加油站	63561183、13907668446	文昌市龙楼镇文铜路 1 号
2	中国石油化工股份有限公司海南文昌迈号加油站	63402285	文昌市迈号圩龙凤坡
3	中石化海南文昌东郊加油站	63528386	文昌市东郊镇
4	中国石油化工股份有限公司海南文昌文清加油站	63327788	文昌市文清路 12 公里处
5	中国石油化工股份有限公司海南文昌水涯加油站	63223538	文昌市文城镇水涯区
6	中国石油化工股份有限公司海南文昌新时代加油站	63223538	文昌市东路镇约亭开发区
7	中石化海南文昌城南加油站	63223538	文城镇大潭路
8	中国石油化工股份有限公司海南石油分公司文昌昌隆加油站	63222605	文昌市文城镇英城坡
9	文昌鑫隆贸易有限公司北架园加油站	63220998	文昌市文城镇北架管区
10	文昌昌宇贸易有限公司恒达加油站	63631129	文昌市翁田镇
11	中国石油化工股份有限公司海南文昌会文加油站	63462686	文昌市会文镇企业街
12	文昌市锦山镇农机管理农机加油站	63691540	文昌市锦山镇枋春坡
13	中国石油化工股份有限公司海南文昌公坡加油站	63671031	文昌市公坡镇中街 122 号

续上表

序号	加油站名称	电话	加油站地址
14	中国石油化工股份有限公司海南文昌抱罗三角路加油站	63661153	文昌市锦山抱罗大致坡三角路口
15	文昌和记贸易有限公司罗豆农机加油站	63698060	文昌市罗豆农场场部
16	中国石油天然气股份有限公司海南文昌头苑加油站	13389868780	文昌市头苑圩西路口文铜公路南侧
17	中国石油天然气股份有限公司海南文昌新风加油站	63287430、13707555128	文昌市文城镇英城坡
18	文昌会文石化贸易有限公司会文企业加油站	63462768、13876489378	文昌市会文镇后岭坡
19	中国石油化工股份有限公司海南文昌金盾加油站	63228522	文昌市文清公路5.4公里处
20	文昌富利商贸有限公司潭牛富利加油站	63626176、13322038939	文昌市潭牛镇
21	文昌市龙楼镇供销社加油站	63561038	文昌市龙楼镇
22	中国石油化工股份有限公司海南石油分公司文昌东石加油	63327188	文昌市龙楼镇堂洪港
23	中国石油化工股份有限公司海南文昌东郊第二加油站	63528155	文昌市东郊镇
24	中国石油化工股份有限公司海南文昌东阁东昌加油站	63422675	文昌市文阁镇
25	中国石油化工股份有限公司海南石油分公司文昌凤尾加油	63661475	抱罗镇杨丛村公路旁
26	文昌市跃兴农业开发有限公司昌洒加油站	63580577	文昌市昌洒镇旧市坡公路旁
27	中国石油化工股份有限公司海南石油分公司文昌二公堆加油站	13907668446	文昌市东路镇二公堆
28	中国石油化工股份有限公司海南文昌锦山南加油站	63222313	文昌市锦山镇
29	文昌市蓬莱供销社加油站	63451009	文昌市蓬莱镇
30	中石化海南文昌抱罗加油站	63223538	文昌市抱罗镇
31	文昌市东阁供销社加油站	63421820	文昌市东阁镇
32	中国石油化工股份有限公司海南文昌北架加油站	63223538	文昌市文城镇北架坡
33	文昌市石油公司县城加油站	63223538	文昌市文城镇新凤里
34	中国石油化工股份有限公司海南文昌潭牛加油站	63222298	文昌市潭牛镇高炉坡
35	中国石油化工股份有限公司海南文昌石油分公司锦山第二加油站	63691286	文昌市锦山镇铺前路
36	文昌市会文石化贸易有限公司烟堆辉煌加油站	63470148	文昌市会文镇烟堆圩

续上表

序号	加油站名称	电话	加油站地址
37	文昌佳能石油有限公司佳能加油站	63224367	文昌市清澜开发区北一环道西侧
38	文昌市海文加油站	63227636	文城镇城南开发区
39	中国石油化工股份有限公司海南文昌罗豆东加油站	63698271	文昌市罗豆圩华侨新村5－8号
40	文昌燕泰农贸有限公司	63441115	文昌市新桥镇东三角路口
41	中石化海南文昌冯坡加油站	63223538	文昌市冯坡镇
42	中国石油化工股份有限公司海南石油分公司文昌铺前富宏加油站	63653014	文昌市铺前镇新兴街尾端东南侧
43	中国石油化工股份有限公司海南文昌翁田加油站	63631129	文昌市翁田圩
44	中国石油化工股份有限公司海南石油分公司文昌昌洒加油站	13907668446	文昌市昌洒镇昌吉坡
45	中国石油化工股份有限公司海南石油分公司文昌重兴加油站	13876212866	文昌市重兴镇重东街
46	文昌清澜富美实业发展有限公司恒兴加油站	63329363、13707553155	文昌市清澜开发区生活区
47	文昌宝芳旭升加油站	63411238、13807613091	文昌市宝芳乡宝芳圩
48	中国石油化工股份有限公司海南文昌文教加油站	63509015	文昌市文教镇
49	中国石油化工股份有限公司海南石油分公司锦山西加油站	63691918	文昌市锦山镇锦西路
50	中国石油化工股份有限公司海南文昌文新加油站	13907668446	文城琼文3公里处
51	文昌和记贸易有限公司和记加油站	63698658、13322026588	文昌市罗豆圩山良路
52	中国石油化工股份有限公司海南文昌新奥加油站	13617588952	文昌铺前镇
53	中国石油化工股份有限公司海南石油分公司文昌铺前隆丰加油站	13907590089	铺前镇隆丰圩
54	文昌新潮农商贸有限公司国达加油站	62223699、13006000986	文昌市文城镇坑尾村
55	文昌市跃兴农业开发有限公司龙马跃兴加油站	63580577、13876295888	文昌市龙马至昌洒交叉路口
56	文昌市跃兴农业开发有限公司东路加油站	63231533	文昌市东路圩通往大致坡镇方向右侧
57	海南华海石油化工有限公司文昌清澜鑫隆海上加油站	63327290、13807611969	文昌市清澜镇老港码头
58	中国石油化工股份有限公司海南文昌文城加油站	63223538	文昌市文城镇文建路

续上表

序号	加 油 站 名 称	电 话	加 油 站 地 址
59	中国石油化工股份有限公司海南文昌蓬莱加油站	63223538	文昌市蓬莱镇
60	文昌金福实业有限公司	13976560369	翁田镇北路出口处
61	中国石油天然气股份有限公司海南文昌迎宾加油站	63287268、18976002286	文昌市迎宾路
62	文昌仙泉商贸有限公司仙泉加油站	13876489378	文昌市东路镇约亭圩琼文街76号
63	中国石油天然气股份有限公司海南文昌文西加油站	63225062	文昌市文西路
64	文昌富利商贸有限公司富利加油站	63238939、13322038939	文昌市文城镇文西路与南阳路交叉路口处
65	文昌和记贸易有限公司林梧加油站	13322026588	文昌市铺前镇林梧六坡村
66	中国石油化工股份有限公司海南石油分公司文昌锦山北加油站	13907506862	锦山镇锦铺路2公里
67	文昌永昌实业有限公司东郊无夜加油站	13907505978	文昌东郊后村三角路
68	中国石油化工股份有限公司海南石油分公司文昌龙文加油站	13907668446	海南省文昌市龙楼镇三角路
69	湖山加油站	13617553712	文昌市湖山圩
70	中国石油化工股份有限公司海南文昌清澜渔港加油站	13876699222	文昌市清澜渔港码头
琼海分局			
1	中国石油天然气股份有限公司海南琼海联先加油站0	62685634、13976391113	琼海市塔洋联先祖公岭
2	中国石油化工股份有限公司海南石油分公司琼海乐会加油站	62690080、13976339095	琼海市九曲江新墟(1)-4号
3	中国石油化工股份有限公司海南琼海石油分公司中粮加油站	62931809、13976021889	琼海市塔洋镇联先坡
4	琼海市东平农场工业公司加油站	62639233	琼海市东平农场场部
5	中国石油化工股份有限公司海南琼海石油分公司阳江加油站	62630257、13322076677	琼海市阳江镇
6	中国石油天然气股份公司海南琼海上埇加油站	62900253、13389806881	琼海市上埇乡
7	琼海鼎盛实业开发有限公司潭门工业区加油站	62768133	琼海市潭门镇工业开发区
8	中国石油天然气股份有限公司海南琼海温泉加油站	62808261、13098981029	琼海市加积镇爱华西路
9	中国石油化工股份有限公司海南琼海石油分公司加积加油站	62931768、13976020901	琼海市加积镇泮水大春坡
10	琼海市石油公司联新加油站	62822645	琼海市加积镇联新

续上表

序号	加油站名称	电话	加油站地址
11	中国石油化工股份有限公司海南琼海石油分公司中原加油站	62822645	琼海市中原镇十三坡
12	中国石油化工股份有限公司海南琼海石油分公司爱华加油站	62839446、15091925168	琼海市爱华东路西段
13	中国石油化工股份有限公司海南琼海石油分公司恒荣加油站	62720399、13976023818	琼海市塔洋镇高岭头路段
14	中国石油化工股份有限公司海南琼海石油分公司椰林加油站	62715557、13518853936	琼海市长坡镇椰林村委会
15	中国石油化工股份有限公司海南琼海石油分公司大路加油站	62730603、13907524448	琼海市大路镇
16	琼海福星有限公司海南琼海加油站	62760308	琼海市潭门镇福田墟福源街
17	中国石油化工股份有限公司海南油汽海文加油站	62939481、13876221028	琼海市加积镇先锋城富海路
18	琼海市潭门镇岸边加油站	62768030	琼海市潭门镇潭门港
19	海南热带汽车试验有限公司	62923961	琼海市加积镇富海横南13号
20	中国石油化工股份有限公司海南琼海石油分公司温泉加油站	62803398、13876222955	琼海市温泉镇万石坡
21	中国石油化工股份有限公司海南石油分公司琼海塔洋加油站	62911778、13976026686	琼海塔洋镇
22	中国石油天然气股份有限公司海南琼海博鳌加油站	62776177、13518077092	琼海市博鳌三角坡
23	琼海南龙加油站	62921666	琼海市加积开发区高速公路出口处
24	中国石油化工股份有限公司海南石油分公司琼海金隆加油站	62821292	琼海市嘉积镇爱华东路
25	琼海市东红农场供销公司加油站	62736907	琼海市东红农场
26	海南华海石油化工有限公司琼海文兴加油站	62659886	琼海市文市墟
27	中国石油化工股份有限公司海南琼海石油分公司博鳌银丰加油站	62776277、13907520799	琼海市博鳌镇变电站西约300米处
28	琼海龙江十八村加油站	62767550	龙江镇蒙养村
29	中国石油化工股份有限公司海南琼海石油分公司豪华加油站	62830772、13976850633	琼海加积镇豪华路
30	琼海东太加油站	62610888	东太农场场部
31	琼海市国营东红农场油站		
32	中国石油天然气股份有限公司海南琼海华胜加油站	62710167、13976993551	琼海长坡镇
33	海南华海石油化工有限公司琼海生旺加油站	62692901	琼海市中原镇排沟

续上表

序号	加油站名称	电话	加油站地址
34	中国石油化工股份有限公司海南琼海石油分公司潭门港加油站	62767550	琼海市潭门镇
35	琼海龙江镇农用加油站	62767550	琼海市龙江镇
36	海南省国营南俸农场加油站	13807603531	琼海市国营南俸农场内
37	中国石油天然气股份有限公司海南琼海万泉加油站	62881666、18907578284	琼海市万泉镇大雅
38	中国石油化工股份有限公司海南琼海石油分公司博鳌南加油站	62693498	琼海市博鳌南线至培兰大桥右侧
39	中国石油天然气股份有限公司海南琼海日盛加油站	62692996、13647595259	琼海中原镇
40	中国石油天然气股份有限公司海南琼海长兴加油站	62718069、18608979968	琼海市长坡镇琼文公路 101.6 公路处
41	中国石油天然气股份有限公司海南琼海新安加油站	62687718、13876608029	琼海市中原镇中兴北路
42	中石化海南琼海石油分公司中原(高速)西加油站	139766996	海南东线高速公路98 公里处
43	中石化海南石油分公司琼海东红加油站服务区(西)	62736712、18689801611	海南省东线高速公路67 –68 公里处路西侧
44	中国石油天然气股份有限公司海南琼海兴海加油站	62922248、13907575322	琼海嘉积镇兴海中路
45	中石化海南琼海石油分公司中原(高速)加油站	62685315、13976395658	琼海市东线高速公路 98 公里处东侧
46	中国石油化工股份有限公司海南琼海石油分公司(高速)加油站	62932479、13876222313	东线高速公路琼海立交口服务区内
47	中国石油天然气股份有限公司海南琼海金海加油站	62922711、13647557917	海南省琼海市嘉积镇金海北路
48	中石化海南石油分公司琼海东红加油站服务区(东)	62736713、13976957377	海南省东线高速公路67 –68 公里处路东侧
49	中国石油化工股份有限公司海南琼海石油分公司万泉加油站	62880211、13976768877	琼海市万泉镇沐皇管区
50	中国石油化工股份有限公司海南琼海石油分公司长坡加油站	62711064、13876636377	琼海市长坡镇敬老院东侧
万宁分局			
1	中国石油化工股份有限公司海南万宁加劳芳田加油站	62183701	万宁市万安大道
2	中国石油化工股份有限公司海南万宁万州加油站	62225595	万宁市万州大道
3	中国石油化工股份有限公司海南万宁城北加油站	62226719	万城镇文明北街东侧

续上表

序号	加油站名称	电话	加油站地址
4	中国石油化工股份有限公司海南万宁美孚加油站	62268260	万宁市大茂镇大路园村
5	万宁时兴农机有限公司时兴加油站	62186968	万宁市长丰镇海榆公路186公里处
6	海南万宁春达兰有限公司加油站	62588308、13876611180	万宁市牛漏镇
7	中国石油化工股份有限公司海南万宁金来加油站	62254928	万宁市山根乡高速路出口处
8	中国石油化工股份有限公司海南万宁高速路南加油站	62182888	万宁市长丰镇加劳芳田
9	万宁市三更罗供销社加油站	62533313	万宁三更罗乡
10	中国石油天然气股份有限公司海南万宁长安加油站	62245163	万宁市长丰镇
11	中国石化海南石油分公司万宁乌场加油站	62286005	万宁市北坡镇乌场渔港
12	中国石油化工股份有限公司海南万宁兴隆加油站	62555003	万宁市兴隆一桥
13	中国石油天然气股份有限公司海南万宁龙滚加油站	62389795	东线高速公路龙滚出入口300米处
14	中国石油化工股份有限公司海南万宁莲花加油站	62293120	万宁市东线高速公路156公里处
15	中国石油化工股份有限公司海南万宁山根加油站	62395583	万宁山根高速公路出口处
16	海南成大实业股份有限公司万宁文隆加油站	62223333	万宁市万州大道西侧
17	中国石油化工股份有限公司海南万宁兴隆旅游城加油站	62552384	万宁市兴隆旅游城温泉大道
18	万宁市礼纪镇企业办加油站	62295198	万宁市礼纪镇
19	万宁天成商贸有限公司和乐加油站	62355775	万宁市和乐镇三角路东北侧
20	海南省国营东岭农场加油站	62325028	万宁市国营东岭农场
21	中国石油化工股份有限公司海南万宁石梅湾加油站	62525038	万宁市新梅乡
22	中国石油天然气股份有限公司海南万宁南林加油站	62526652	海南省万宁市南林海榆G223国道214公里处
23	中国石油化工股份有限公司海南万宁龙滚加油站	62383767	万宁市龙滚镇
24	中国石油化工股份有限公司海南万宁东和加油站	62588899	万宁市牛漏镇
25	海南省国营东兴农场工业公司加油站	62333888	万宁东兴农场

续上表

序号	加油站名称	电话	加油站地址
26	中国石油化工股份有限公司海南万宁新中加油站	62534396	万宁市三更罗墟
27	中国石油化工股份有限公司海南万宁东兴加油站	62332882	万宁市东兴农场建设路
28	中国石油化工股份有限公司海南万宁宏发加油站	62296388	万宁市礼纪镇三水坡
29	中国石油化工股份有限公司海南万宁乐来加油站	62363038	万宁市乐来镇
30	中国石油化工股份有限公司海南万宁东沃加油站	62229973	万宁东沃镇
31	中国石油天然气股份有限公司海南万宁和乐加油站	13034995988	万宁市和乐大道
32	中国石油化工股份有限公司海南万宁东光加油站	62238636	万宁市万城镇吴村仔路段
33	中国石油化工股份有限公司海南万宁莲花东加油站	62293733	海南东线高速公路156公里东侧
34	中国石油化工股份有限公司海南万宁港北港加油站	62345158	万宁市和乐镇港北码头
陵水分局			
1	中国石油化工股份有限公司海南石油分公司陵水经营部毛岭加油站	83329903	陵水县三才毛岭
2	中国石油化工股份有限公司海南分公司陵水经营部赤岭加油站	83361155、15103600210	陵水县新村镇赤岭乡
3	中国石油天然气股份有限公司海南陵水椰林加油站	83320566	陵水县椰林乡孟果坡
4	中国石油化工股份有限公司海南石油分公司陵水经营部陵昌加油站	83320958	陵水县孟果坡海榆东线244公里处
5	陵水县水产供销公司加油站	83361881	陵水县水产供销公司码头
6	中国石油化工股份有限公司海南石油分公司陵水经营部曲港加油站	83361270	陵水县长城乡曲港坡
7	中国石油化工股份有限公司海南石油分公司陵水经营部新村加油站	83361155	陵水县新村港
8	中国石油化工股份有限公司海南分公司陵水经营部交通加油站	83327153	陵水县北斗地区地道站内
9	中石化陵水石油分公司实业公司海边加油站	83361155	陵水县新村港海边
10	陵港民政福利石化供应公司加油站	83361263	陵水县新村港旅游码头南侧
11	中国石油天然气股份有限公司海南陵水北斗加油站	18689801010	陵水县北斗路

续上表

序号	加油站名称	电话	加油站地址
12	中国石油化工股份有限公司海南石油分公司陵水岭门加油站	83451127	陵水县岭门农场内
13	中国石油化工股份有限公司海南石油分公司陵水经营部猴岛加油站	83361444、13876542212	陵水县新村镇外滩海岸边
14	陵水达园有限公司英州加油站	83470218	陵水县英州镇海榆东线公路边
15	中国石油化工股份有限公司海南分公司陵水经营部高速路加油站	83320562	海南东线高速公路陵水出口处
16	中国石油化工股份有限公司海南石油分公司陵水经营部新安加油站	0899－3361295	陵水县新村镇港务码头
17	中国石油化工股份有限公司海南石油分公司陵水经营部本号加油站	83400055	陵水县本号镇
18	中国石油化工股份有限公司海南石油分公司陵水一九二西加油站	83327168	海南省陵水县东线高速公路192公里西侧
19	中国石油化工股份有限公司海南石油分公司陵水一九二东加油站	83328138、13876647618	海南省陵水县东线高速公路192公里东侧
20	中国石油化工股份有限公司海南石油分公司陵水经营部码头加油站	13807621658	陵水县新村镇新村港码头
三亚分局			
1	中国石油化工股份有限公司海南三亚迎宾加油站	88711158、13398977358	三亚市红沙镇干沟村
2	三亚市育才加油站	88950069	三亚市育才乡龙密管区
3	中国石油化工股份有限公司海南三亚临春加油站	88222122、13807525123	三亚市二环路
4	中国石油化工股份有限公司海南三亚红沙加油站	88670396、13976822566	三亚市红沙镇
5	中国石油化工股份有限公司海南三亚海城加油站	88710138、13518843129	三亚市红沙镇红土坎
6	中国石油化工股份有限公司海南三亚崖城加油站	88834081、13976820625	三亚市崖城镇
7	中国石油化工股份有限公司海南三亚三亚加油站	88899621、13178966622	三亚市解放四路89号
8	三亚展望加油站	13647582222	三亚桶井村
9	中国石油化工股份有限公司海南三亚亭新加油站	88700790、13098981670	三亚市田独镇畜牧场
10	中国石油化工股份有限公司海南三亚东线加油站	13637589938	三亚市田独镇田独管区
11	三亚市滨海加油站	88125222	三亚市滨海路
12	三亚市西岛临时加油站	88262007	海南省三亚市西岛

续上表

序号	加油站名称	电话	加油站地址
13	三亚交协榆海加油站	88212219	三亚市榆亚大道33号
14	三亚市林旺农机加油站	13876868656	三亚市海棠湾镇
15	中国石油天然气股份有限公司海南三亚榆亚加油站	88710988	三亚市田独镇
16	中国石油化工股份有限公司海南三亚金凤加油站	88332380、18089799555	三亚市羊栏镇凤凰村
17	中国石油化工股份有限公司海南三亚下洋田加油站	88215669、13976846777	三亚市二环路口
18	中国石油化工股份有限公司海南三亚旅游加油站	88248231、18976608502	三亚市二环路
19	中国石油化工股份有限公司海南三亚榆林加油站	88213885	三亚市榆林大道128号
20	三亚市羊栏扶贫加油站	18689635888	三亚市羊栏镇原民航机场路口对面
21	中国石油化工股份有限公司海南石油分公司三亚金龙加油站	88297907、13178962078	三亚市一环路
22	中国石油化工股份有限公司海南三亚西郊加油站	88299884、13637647268	三亚市羊栏镇回新乡
23	中国石油化工股份有限公司海南三亚凤凰加油站	88341968、13322051960	三亚市羊栏镇
24	中国石油化工股份有限公司海南三亚临海加油站	88710138	三亚市红沙开发区
25	中国石油化工股份有限公司海南三亚金鸡加油站	88865889、13807521595	三亚市一环路金鸡岭
26	海南省国营立才农场立才加油站	88950097	三亚市国营立才农场
27	三亚凤凰国际机场有限责任公司加油站	88289318、13637536398	三亚凤凰国际机场内东侧
28	中国石油化工股份有限公司海南三亚海航加油站	88211111	三亚市南边海路
29	中国石油化工股份有限公司海南三亚红沙码头加油站	88225298	三亚市红沙镇码头
30	三亚市荔枝沟农机加油站	13807524358	三亚市荔枝沟镇
31	中油南海东岸三亚实业有限公司东岸加油站	88383232、13876465175	三亚市迎宾路东岸村
32	中国石油化工股份有限公司海南三亚西线加油站	88343228、13518891550	三亚市羊栏桶井村西侧
33	三亚育才联盛加油站	88950237、15208982233	三亚市育才乡
34	三亚凤凰回辉加油站	88341534、13627510233	三亚市羊栏镇回辉居委会对面

续上表

序号	加油站名称	电话	加油站地址
35	中国石油化工股份有限公司海南三亚田独加油站	86762699	东线高速公路三亚出口处
36	三亚西岛旅游开发有限公司新鹏加油站	88363039、18689635888	三亚市凤凰镇大兵海
37	中国石油天然气股份有限公司海南三亚交协加油站	88340728、13700498844	三亚市凤凰镇高墩坡
38	中国石油化工股份有限公司海南三亚亚龙湾加油站	88564236、13876757886	三亚市田独镇亚龙湾亚龙西路
39	三亚诚海石油销售有限责任公司南岛加油站	13086063688	三亚市南岛农场
40	三亚迅发石油贸易有限公司海棠湾迅发加油站	88812112、13876868656	三亚市海棠湾镇藤桥
41	中国石油化工股份有限公司海南石油分公司三亚南山加油站	88838030、13807530310	三亚市南山旅游风景区入口
42	中国石油化工股份有限公司海南三亚南山港加油站	18089798868	三亚市涯城镇创新城 7 号路与 13 号路交叉口东侧
定安分局			
1	定安县石油公司龙门加油站	63762344	定安县龙门镇
2	中国石油化工股份有限公司海南石油分公司(定安)和平加油站	63823106	定安县见龙大道
3	中国石油化工股份有限公司海南石油分公司(定安)见龙加油站	63821846	定安县城见龙大道西侧
4	中国石油化工股份有限公司海南石油分公司(定安)仙沟加油站	63825468	定安仙沟收费站旁
5	中国石油化工股份有限公司海南石油分公司(定安)南海加油站	63752365	定安县黄竹镇三角路
6	定安县石油公司第一加油站	63823601	定安县跃进东路
7	中国石油天然气股份有限公司海南定安塔岭加油站	13518828364	定安塔岭开发区
8	海南省石油总公司定安塔岭加油站	63821685	定安县见龙大道
9	中国石油天然气股份有限公司海南定安龙河加油站	63772793	定安县龙河镇龙河墟
10	定安县金鸡岭农场农机公司加油站	63892149	定安县国营金鸡岭农场
11	定安县国营中瑞农场加油站	63702318	定安县国营中瑞农场
12	定安县南海农场加油站	63752312	定安县黄竹镇
13	中国石油天然气股份有限公司海南定安新竹加油站	13976777212	定安县新竹镇新序

续上表

序号	加油站名称	电话	加油站地址
14	海南定安茶根糖业有限责任公司加油站	63772256	定安县龙塘镇
15	海南省地方国营居丁糖厂加油站	63732119	定安县居丁镇居丁糖厂内
16	中国石油天然气股份有限公司海南定安见龙加油站	18608996955	定城镇大众西路
屯昌分局			
1	中石化海南石油分公司屯昌经营部光明加油站	67817514	屯昌县海榆中线 89.3 公里处
2	中石化海南石油分公司屯昌经营部永生加油站	67813668	屯昌县海榆中线 83 公里处
3	中石化海南石油分公司屯昌经营部屯昌加油站	67817384	屯昌县城海榆中线 85 公里处
4	中国石油天然气股份有限公司海南屯昌屯北加油站	67831687	海榆中线 83 公里处
5	中国石油天然气股份有限公司海南屯昌昌盛加油站	67838130	屯昌县城海榆中线 85 公里处
6	屯昌广兴加油站	67838518	屯昌县昌盛一路 289 号
7	屯昌县国营中坤农场加油站	67968203	屯昌县中坤农场场部
8	中石化海南石油分公司屯昌经营部油气加油站	67817534	屯昌县海榆中线 83 公里处
9	屯昌县国营中建农场加油站	67856242	屯昌县国营中建农场
10	中石化海南石油分公司屯昌经营部城西加油站	67814325	屯昌县城东风西路
11	屯昌县国营黄岭农场加油站	67900822	屯昌县国营黄岭农场
12	中国石油天然气股份有限公司海南屯昌城南加油站	67830588	海榆中线 88 公里处
13	屯昌乌坡加油站	67965798	屯昌县乌坡镇新北街延伸段
14	中国石油天然气股份有限公司海南屯昌生态加油站	67811166	海南省屯昌县城海榆中线 88 公里西侧
15	中国石化海南石油分公司屯昌枫木加油站	13976767523	海南省屯昌县枫木镇海榆中线 K105 +300 米处西侧
16	中国石油化工股份有限公司海南屯昌新兴加油站	13876699222	海南省屯昌县新兴镇海榆中线 K66 +400 米处东侧
琼中分局			
1	海南省汽车运输总公司琼中营根加油站	86223326	琼中县城海榆路 267 号
2	海南美孚乌石加油站	86224732	琼中县乌石镇山尾村

续上表

序号	加油站名称	电话	加油站地址
3	中国石油化工股份公司海南营根(琼中)加油站	86223326	琼中县海榆中线135.6公里处
4	中国石油化工股份有限公司海南石油分公司琼中城东加油站	86236186	琼中县营根镇海榆中线135公里处
5	中国石油化工股份有限公司海南乌石(琼中)加油站	86305547	琼中县海榆中线122公里处
6	海南省国营加钗农场加油站	86220869	琼中县海榆中线144公里处
7	中国石油化工股份有限公司海南阳江(琼中)加油站	86368288	琼中县国营阳江农场
8	海南省琼中县乘坡农场加油站	86350606	琼中县乘坡农场茶厂
9	琼中县网络加油站	86222657	琼中县营根镇136公里处
10	中国石油化工股份有限公司海南新伟(琼中)加油站	86298086	琼中营根镇观山楼
11	琼中县南方农场加油站	86388885	琼中县中平镇
12	海南省国营大丰农场机运公司	86363465	大丰农场内
13	海南省南方农工商联合企业燃油料供应公司	863988885	南方农场内
14	琼中县国营岭头茶场加油站	86220623	琼中县岭头茶场
15	琼中县新进农场加油站	86318169	琼中县新进农场
16	中国石油化工股份有限公司海南长征(琼中)加油站	86398240	长征农场内
17	中国石油化工股份有限公司海南腰子(琼中)加油站	86320067	琼中县黎母山镇
18	中国石油化工股份有限公司海南石油分公司琼中城西加油站	86228628	琼中县营根镇海榆路营根镇政府出口处
19	中国石油天然气股份有限公司海南琼中城北加油站	86239278	琼中县城二号新区海榆路车站南侧
20	中国石油天然气股份有限公司海南琼中湾岭加油站	13876796991	琼中县湾岭镇乌石墟富安宾馆南面约150米处
五指山分局			
1	中国石油化工股份有限公司海南石油分公司五指山市经营部畅好加油站	86669916、18976169980	国营五指山市畅好农场
2	中石化股份有限公司海南石油分公司五指山市经营部毛阳加油站	86720225、13976667262	五指山市毛阳镇
3	中国石油化工股份有限公司海南石油分公司五指山市经营翡翠加油站	86623121、13976202081	五指山市消防中队路口
4	中国石油化工股份有限公司海南石油分公司五指山经营北端加油站	86638376、13976203033	五指山市河北区市中医院对面

续上表

序号	加油站名称	电话	加油站地址
5	中国石油化工股份有限公司海南分公司五指山市经营部毛道加油站	13976111268	五指山市冲山镇什分村西侧
保亭分局			
1	文昌鑫隆贸易有限公司保亭加茂加油站	83866291	保亭县加茂镇
2	中国石油化工股份有限公司海南石油分公司新政(保亭)加油站	83886730	保亭县新政镇
3	中国石油化工股份有限公司海南石油分公司县城(保亭)加油站	83669356	保亭县保城镇保兴西路1号
4	中国石油化工股份有限公司海南石油分公司金江(保亭)加油站	83826337	保亭县金江农场
5	海南省国营新星农场新星加油站	83663635	保亭县新星农场场部
6	省汽运器材公司保亭加油站	83669321	县公路局油库边
7	保亭县石油公司第二加油站	83667130	保亭县保城镇2公里处
8	海南省国营南茂农场加油站	83866254	保亭县南茂农场工厂
9	中国石油化工股份有限公司海南石油分公司三道(保亭)加油站	83881648	海榆中线261公里处西侧三道场路口
10	中国石油化工股份有限公司海南石油分公司什玲(保亭)加油站	83606831	保亭县什玲镇
11	中国石油化工股份有限公司海南石油分公司保亭加油站	83661779	保亭县畜科所旁边
12	中石化股份有限公司海南石油分公司五指山市经营部毛岸	86626611	保亭县毛岸镇
澄迈分局			
1	中国石油化工股份有限公司海南石油分公司大拉(澄迈)加油站	67551108、18889239859	澄迈县海榆西线大拉
2	中国石油化工股份有限公司海南油气分公司老城加油站	67488389、13307694620	澄迈县老城工业开发区
3	中国石油化工股份有限公司海南石油分公司白莲加油站	67487368、13907514699	澄迈县白莲镇西线高速公路入口
4	澄迈县城南加油站	68713029	海榆西线23公里
5	中石化海南分公司永发澄迈加油站	13707550035	澄迈县永发镇
6	中国石油化工股份有限公司海南石油分公司新吴澄迈加油站	18976132200	澄迈县新吴镇
7	中国石油化工股份有限公司海南石油分公司澄迈经营部龙腾加油站	67611002、13322025195	澄迈县金江镇文化北路
8	中国石油天然气股份有限公司海南澄迈老城加油站	67488138、18976342897	澄迈县老城西线快速干道22公里北侧

续上表

序号	加油站名称	电话	加油站地址
9	中国石油化工股份有限公司海南石油分公司兴源(澄迈)加油站	67401189	澄迈县西干线39公里处
10	中国石油天然气股份有限公司海南澄迈城北加油站	67610886、15108998924	澄迈县金江镇文明路
11	中国石油化工股份有限公司海南石油分公司福山(澄迈)加油站	67583359、13368918765	澄迈县福山镇红旗坡
12	华能海口火电股份有限公司加油站	67428760	澄迈县马村镇马村电厂内
13	澄迈县万里加油站	67622916	澄迈县金江镇文化北路
14	澄迈老城桂琼商贸有限公司	67481036、15289726998	澄迈县老城开发区
15	澄迈县长升加油站	69098985	澄迈县大拉出口路
16	中国石油天然气股份有限公司海南澄迈福山加油站	67582442、13368953330	澄迈县福山镇红旗坡
17	中石化海南油气分公司泰昌加油站	67488136、13876892583	澄迈县白莲镇高速公路入口处
18	中石化海南石油分公司永发桥南加油站	167662182、13322039695	澄迈县永发镇桥南
19	中国石油化工股份有限公司海南石油分公司江南(澄迈)加油站	67600918、13379960323	澄迈县金江镇江南
20	澄迈焕琼加油站有限公司	67351303、18976136166	中兴镇26公里处
21	中国石油化工股份有限公司海南石油分公司澄迈江北加油站	67610407、13307511282	澄迈县金江镇压环城西路与人民西路交叉路口
22	海南省国营红光农场供销公司	0000	红光农场部
23	中国石油天然气股份有限公司海南澄迈玉堂加油站	67487158、13637548164	澄迈县老城工业大道23公里处
24	中国石油化工股份有限公司海南油气分公司金马加油站	67551822、13379912293	澄迈县金江镇金马大道
25	中国石油化工股份有限公司海南石油分公司澄迈盛发加油站	67486888、13379851507	澄迈县老城工业开发区快速干道美儒村玉葛坡路段
26	中国石油化工股份有限公司海南石油分公司福桥(澄迈)加油站	67588335、13379912011	澄迈县福山镇高速公路出入口旁
27	中国石油化工股份有限公司海南石油分公司美亭(澄迈)加油站	67561577、13518068894	澄迈县美亭镇
28	澄迈步才商贸有限公司昆仑加油站	67312798、13876110136	澄迈县昆仑农场
29	中国石油天然气股份有限公司海南澄迈文儒加油站	67378116、13976604521	澄迈县文儒镇
30	中国石油天然气股份有限公司海南澄迈加乐加油站	67369697、13807582448	澄迈县加乐镇
31	中国石油天然气股份有限公司海南澄迈金永加油站	67650168、13876398783	澄迈县长安(金永公路5公里处)
32	澄迈金刚工贸有限公司金刚加油站	13036036889	澄迈县金江镇文明路

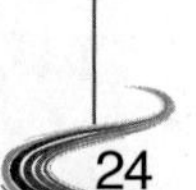

续上表

序号	加油站名称	电话	加油站地址
33	中国石油天然气股份有限公司海南澄迈老城顺风加油站	67488053、13807599495	澄迈县老城工业开发区南海大道68号
34	中国石油天然气股份有限公司海南澄迈振兴加油站	67489123、13876117600	澄迈县老城镇快速干道南侧
35	中国石油天然气股份有限公司海南澄迈福源加油站	67650168、18889599621	澄迈县福山镇候臣
36	中国石油天然气股份有限公司海南澄迈桥联加油站	67508027、13976777793	澄迈县桥头镇
37	中国石油化工股份有限公司海南石油分公司澄迈福山加油站(A区)	67531269、13976310316	澄迈县福山镇西线高速公路49公里处北侧
38	中国石油化工股份有限公司海南石油分公司澄迈福山加油站(B区)	18976139268	澄迈县福山镇西线高速公路49公里处南侧
39	中国石油天然气股份有限公司海南澄迈江南加油站	67600713、13322006465	澄迈县金江镇江南环城西路西侧
40	澄迈兴达商贸有限公司月清加油站	67338587、13876119001	澄迈县仁兴镇仁兴墟
41	中石化海南石油分公司澄迈县老城恒昌加油站	67606032、18976935551	老城开发区工业大道7.2公里处北侧
42	中国石油天然气股份有限公司海南澄迈金江加油站	13518884324	澄迈县金江镇金马大道东侧
43	澄迈禄清商贸有限公司福光加油站	67582864、13307531056	澄迈县福山镇西线公路虎岭段
44	中国石油化工股份有限公司海南石油分公司澄迈瑞溪加油站	13518811279	澄迈县瑞溪墟往永发镇方向距瑞溪墟1公里处左侧
临高分局			
1	中国石油化工股份有限公司海南红庄临高加油站	28456837	临高县多文镇东郊公路
2	中国石油化工股份有限公司海南美当临高加油站	28284357	临高县临海路美当管区对面
3	海南省石油总公司临高县公司多文加油站	28284357	临高县多文镇
4	中国石油化工股份有限公司海南(临高)临城加油站	28284357	临高县临城镇跃进路
5	海南临高盛源实业有限公司盛源泽加油站	28412033	海榆西线99.4公里路段
6	中国石油化工股份有限公司海南路通(临高)加油站	26711606	临城镇临美路
7	海南临高盛源实业有限公司盛源加油站	28412081	海榆西线99公里处
8	临高长达实业有限公司和舍加油站	28432026	临高县和舍镇112公里处

续上表

序号	加油站名称	电话	加油站地址
9	临高龙力糖厂加油站	28284487	临高县龙力糖厂生产区北边
10	中国石油化工股份有限公司海南高速(临高)加油站	28520972	西线临美路高速公路(上下站)
11	海南省国营红华农场加油站	28456272	临高县多文镇红华农场内
12	中国石油化工股份有限公司海南石油分公司临高美良加油	28329066	临高县美良镇美良墟(卫生院东侧)
13	中国石油化工股份有限公司海南新盈(临高)加油站	28312298	临高县新盈镇
14	中国石油天然气股份有限公司海南临高金多加油站	13876603949	临高县博厚镇
15	临高新航实业有限公司新航加油站	23721191	临高县新盈镇昆井路
16	海南中油深南石油技术开发有限公司临高希望工程加油加气站	13976936316	临高县临城镇美台高速路出口处
17	中国石油天然气股份有限公司海南临高新桥南路加油站	13876603949	海南省临高县临城新桥南路
18	中国石油化工股份有限公司海南石油分公司临高厚水湾加油站	28280071、13307663835	临高县调楼武莲港内
儋州分局			
1	中石化海南儋州宏图加油站	23328153	儋州市洋浦公路十八公里处
2	儋州市老根联营加油站	23768023	儋州市八一总场老根路段
3	中国石油化工股份有限公司海南儋州宏池加油站	13389838288	儋州市那洋路口处
4	儋州中石化联营加油站	15108950256	儋州市那大人民大道西
5	儋州东路贸易有限公司	23313933	那大横岭管区乌那线 8 公里处
6	中国石油化工股份有限公司海南儋州宏河加油站	23860385、13907587511	儋州市那大人民大道西
7	中国石油化工股份有限公司海南儋州宏泉加油站	13907678904	儋州市兰洋镇海中大道 47 号
8	中国石油天然气股份有限公司海南儋州木棠加油站	23256523、13976446559	儋州市木棠镇十字路口
9	儋州华容成品油销售有限公司华农加油站	23721291、13876256728	儋州西培农场白类村边
10	中国石油化工股份有限公司海南儋州宏鸣加油站	23653582、13876250202	海南西线高速公路白马井出入口处
11	中国石油化工股份有限公司海南石油分公司儋州中兴加油站	13976489356	儋州市那大镇中兴大街西
12	海南省松涛水利工程物资公司加油站	23680027、13976809760	儋州市军屯那大分干口

续上表

序号	加 油 站 名 称	电 话	加 油 站 地 址
13	中国石油化工股份有限公司海南儋州铺仔加油站	23309838、13976427936	儋州市铺仔管区内
14	中国石油化工股份有限公司海南儋州美扶加油站	13086053691	儋州市和庆镇美扶村
15	儋州市那大糖业有限公司加油站	23861568、13198956689	儋州市那大人民大道西110号
16	中国石油化工股份有限公司海南石油分公司海南儋州军屯加油站	15120837580	儋州市军屯新区桥头北面
17	儋州云月湖加油站	23721168	儋州市云月湖渡假村对面
18	中国石油天然气股份有限公司海南儋州学院加油站	23300050、18876642687	儋州市铺仔国道144公里处
19	中国石油化工股份有限公司海南儋州宏马加油站	13876250202	儋州白马井经济开发区
20	儋州青松实业有限公司青松加油站	23768968、18907522292	儋州市国营八一总场场部
21	儋州东城丽娇加油站	23501168	儋州市东城镇
22	儋州市西庆农场加油站	23731111、13976126788	儋州市西庆农场场部
23	华南热带两院物资供销公司加油站	23300174	儋州市华南热带两院内
24	儋州市西华农场加油站	23771073	儋州市国营西华农场场部
25	中国石油化工股份有限公司海南儋州顺风加油站	15108950256	儋州市那大镇从民西路雅拉河段
26	儋州金岭加油站	23761705	儋州市海榆西线162公里处
27	儋州春江南华糖业有限公司加油站	23658151	儋州市松鸣乡
28	中国石油化工股份有限公司海南儋州宏宝加油站	13976479480	儋州市蓝洋路口
29	中国石油化工股份有限公司海南儋州宏腾加油站	23317179、13976292119	那大中兴大街与文化路交叉处
30	儋州椰诚成品油销售有限公司椰诚加油站	23761571、13198956689	海南省儋州市雅星老根八一糖厂北侧
31	儋州昌德加油站	32622737、13976120981	儋州市那乌公路2公里处
32	儋州市长坡糖厂加油站	23511197	儋州市东成镇
33	儋州市海头糖业有限责任公司加油站	23612130、13398993268	儋州市海头镇
34	儋州洛基新村加油站	23702911	儋州市洛基新村
35	中国石油化工股份有限公司海南石油分公司海南儋州洛基加油站	13876257692	洛基新镇府旁
36	中国石油天然气股份有限公司海南儋州新盈南加油站	13876247364	儋州西线高速公路南宝出口处
37	儋州港隆燃油销售有限公司木棠中心加油站	23256568、13368925578	儋州木棠镇十字路口处

续上表

序号	加油站名称	电话	加油站地址
38	中国石油化工股份有限公司海南儋州石油分公司东加油站	23336709、13627551853	西线高速公路102公里左侧
39	中国石油化工股份有限公司海南儋州石油分公司西加油站	23336709、13976784918	西线高速公路102公里右侧
40	中国石油天然气股份有限公司海南儋州城北加油站	13976263575	儋州市那东公路7公里处(西联农场路口)
41	中国石油化工股份有限公司海南石油分公司儋州力源加油	23769601、13307589838	儋州市八一农场场部商业大道第二十一幢1号
42	中国石油化工股份有限公司海南石油分公司儋州海头那兴加油站	18808964531	海南省海头镇那历村东方街
43	中国石油天然气股份有限公司海南儋州国盛加油站	13337517580	海南省儋州市那大镇国盛路
44	中国石油天然气股份有限公司海南儋州官昌加油站	13518037052	儋州市东成镇官昌村出口处
45	中国石油化工股份有限公司海南分公司儋州东成加油站	18876631485	儋州市那大东成镇高速公路1公里处南侧
洋浦分局			
1	中国石油化工股份有限公司海南油气分公司儋州洛南加油站	13322077569	洋浦路十公里洛南管区左侧
2	中国石油化工股份有限公司海南洋浦宏浦加油站	28822676、13307558618	洋浦经济开发区D15A区内
3	国投洋浦港有限公司加油站	28822939	洋浦港港前路洋浦港务公安局旁
4	海南金红叶纸业有限公司加油站	28828196	洋浦经济开发区D12区内
白沙分局			
1	白沙县牙叉西路加油站	27722092	白沙县牙叉农场六队
2	海南省国营龙江农场加油站	27662139	白沙县龙江农场场部
3	白沙县帮溪燃油服务站加油站	27881056	白沙县帮溪镇力秀坡
4	中国石油化工股份有限公司海南石油分公司白沙经营部邦溪加油站	27881226	白沙县帮溪镇
5	中国石油化工股份有限公司海南石油分公司白沙经营部县城加油站	27727087	白沙县牙叉镇石油路
6	白沙县鸿财燃料有限公司加油站	27722396	白沙县牙叉镇方亮村
7	中国石油化工股份有限公司海南石油分公司白沙经营部七坊加油站	27663049	白沙县七坊镇
8	白沙县国营卫星农场加油站	27511096	白沙县打安乡卫星农场
9	白沙资农金波加油站	27622000	白沙县金波农场
10	海南省国营邦溪农场加油站	27891031	海南省国营邦溪农场
11	中国石油化工股份有限公司海南石油分公司白沙白什加油	27723591	白沙黎族自治县牙叉镇出口路西侧

续上表

序号	加 油 站 名 称	电 话	加 油 站 地 址
12	白沙县地方国营糖厂加油站	27721138	白沙糖厂内
13	白沙县国营白沙农场加油站	27720867	白沙县国营白沙农场
14	中国石油天然气股份有限公司海南白沙白邦加油站	27721389	白沙黎族自治县牙叉镇方亮新区
15	中国石油天然气股份有限公司海南白沙打安加油站	13976748327	白沙县打安镇合水糖厂旁
昌江分局			
1	中国石油化工股份有限公司海南太坡(昌江)加油站	26682090、13389882275	昌江县石碌镇太坡
2	中国石油化工股份有限公司海南叉河(昌江)加油站	26818626、13016257810	昌江县叉河镇
3	中国石油化工股份有限公司海南乌烈(昌江)加油站	26711079	昌江县乌烈镇
4	中国石油化工股份有限公司海南保梅(昌江)加油站	26651422、18689876835	昌江县石碌镇人民北路生态街
5	中国石油化工股份有限公司海南石碌河南(昌江)加油站	26670138、13976710021	昌江县石碌镇河南
6	中国石油天然气股份有限公司海南昌江石碌加油站	26652527	昌江县石碌镇生态街
7	昌江汇成公路开发公司太坡加油站	26624922	昌江县大坡镇
8	中国石油化工股份有限公司海南保良(昌江)加油站	26651251、13178955838	昌江县石碌镇人民北路
9	中国石油化工股份有限公司海南十月田(昌江)加油站	26561203	昌江县十月田镇
10	昌江海钢集体企业公司西区加油站	26608001	昌江县石碌矿区西区路口
11	海南矿业股份有限公司	26606437	昌江县石碌铁矿上山公路口
12	昌江昌盛实业有限公司加油站	26623478	昌江县石昌线 11 公里处
13	昌江昌富燃油贸易有限公司	26712264	昌江县乌烈、昌化、海尾三叉路口
14	海南昌江海红糖业有限公司加油站	26716065	昌江县大风糖厂内
15	东方市东龙实业开发有限公司昌江东龙加油站	26682580	昌江县太坡高速公路出口段北侧红田农场出入口附道处
16	中国石油化工股份有限公司海南分公司昌江尖岭东区加油站	18976717612	昌江县石碌镇尖岭西线高速公路 168 公里处东侧
17	中国石油化工股份有限公司海南分公司昌江尖岭西区加油站	18976717613	昌江县石碌镇尖岭西线高速公路 168 公里处西侧
18	中国石油化工股份有限公司海南分公司昌江汇成加油站	26682080、18789559550	昌江县石碌镇太坡

续上表

序号	加油站名称	电话	加油站地址
19	中国石油化工股份有限公司海南海尾（昌江）加油站	18608978700	海南省昌江县海尾镇
20	中国石油天然气股份有限公司海南昌江东风加油站	26631265	海南省昌江县石碌镇东风路
东方分局			
1	海南东方兴达实业开发有限公司新龙兴达加油站	13976137777	东方新龙镇华侨农场路口处
2	中国石油化工股份有限公司海南东方东河加油站	25729053	东方市东河镇
3	中国石油化工股份有限公司海南东方零公里加油站	25870113	东方市大田乡
4	中国石油化工股份有限公司海南东方八所加油站	25522041	东方市八所镇东海路
5	中国石油化工股份有限公司海南东方感城加油站	25522041	东方市感城镇桥头
6	中国石油化工股份有限公司海南东方顺发加油站	25522041	东方市八所镇九龙北路
7	东方市九龙加油站	25584561	东方市九龙路四海对面
8	东方福宏发展有限公司福耀加油站	25583361	东方市东方大道福耀村路口
9	东方市国营广坝农场加油站	25729138	东方市普光 18 公里处
10	中国石油化工股份有限公司海南石油分公司八所鸿晋加油站	25583116	东方市八所镇琼西路
11	中国石油化工股份有限公司海南东方蓝天加油站	25522041	东方市八所镇九龙中路
12	中国石油化工股份有限公司海南东方公路分局加油站	13876509630	东方市八所镇十字路口
13	东方市琼南开发有限公司民富加油站	25828188	东方市感城镇
14	中国石油化工股份有限公司海南东方民通加油站	25522041	东方市八所镇九龙路
15	八所港务总公司加油站	25522512	东方市八所港码头
16	东方市红泉农场加油站	25785103	东方市抱板镇国营红泉农场
17	中国石油化工股份有限公司海南八所石油分公司疏港加油站	25539429	东方市八所镇疏港大道
18	中石化海南东方西线高速公路大坡田东加油站	13876603307	西线高速公路 213 + 500m 公里处（东侧 A 区）
19	中国石油化工股份有限公司海南东方顺达加油站	25584567	东方市八所镇九龙大道

续上表

序号	加　油　站　名　称	电　　话	加　油　站　地　址
20	中石化海南东方西线高速公路大坡田西加油站	26784117	西线高速公路213＋500m公里处（西侧B区）
21	中国石油化工股份有限公司海南石油分公司东方板桥加油	13707532010	东方市板桥镇291公里处
22	东方顺安贸易有限公司	13976936180	东方市东河镇
23	中国石油天然气股份有限公司海南东方市琼西路加油站	13807696983	海南东方市八所镇琼西路
24	中国石油化工股份有限公司海南石油分公司东方四更加油站	13337593930	东方市四更镇
25	中国石油天然气股份有限公司海南东方四更加油站	13518815096	东方市四更镇四北村
26	中国石油天然气股份有限公司海南东方市友谊路加油站	13807696983	东方市八所镇友谊路
27	中国石油天然气股份有限公司海南东方瑞龙加油站	13637582045	东方市东方大道南侧
28	东方感城供销物资有限公司供销加油站	13976836138	东方市感城镇海榆西线东侧
29	中国石油天然气股份有限公司海南东方抱板加油站	13518815096	东方市大田镇抱板村
乐东分局			
1	中国石油化工股份有限公司海南乐东石油分公司新丰加油站	85802788	乐东县冲坡镇
2	海南省汽运器材公司黄流加油站	85523321	乐东县黄流镇车站
3	乐东县石油公司莺歌海经销部加油站	85866276	乐东县尖峰镇岭头
4	中国石油化工股份有限公司海南乐东石油分公司新三角加油站	85522999	乐东县城三角路
5	中国石油化工股份有限公司海南乐东石油分公司利国加油站	85801260	乐东县冲坡镇
6	尖峰岭林业局商贸公司加油站	85720182	乐东县尖峰镇
7	中国石油化工股份有限公司海南乐东石油分公司黄流加油站	85855883	乐东县黄流镇新城
8	中国石油天然气股份有限公司海南乐东山荣加油站	85526184	乐东县县城番豆桥头
9	中国石油天然气股份有限公司海南乐东乐光加油站	18876230106	乐东县乐光农场场部
10	乐东县莺歌海盐场运输公司金润加油站	85855260	乐东县金鸡岭
11	乐东县国营乐中农场加油站	85600250	乐东县乐中农场内
12	乐东县利国糖厂加油站	85801058	乐东县利国糖厂内

续上表

序号	加油站名称	电话	加油站地址
13	海南省国营福报农场加油站	85630037	乐东县福报乡
14	中国石油化工股份有限公司海南乐东石油分公司万冲加油站	85600472	乐东县万冲镇
15	中国石油化工股份有限公司海南乐东石油分公司保国加油站	85661308	乐东县保国农场
16	中国石油化工股份有限公司海南乐东石油分公司九龙加油站	85821003	海榆西线乐东境内九所段353公里处
17	中国石油化工股份有限公司海南乐东石油分公司鸿泰加油站	85701642	乐东县佛罗镇
18	乐东鸿发燃油贸易有限公司乐东抱伦加油站	13307566100	乐东黎族自治县乐光农场第二分场
19	中国石油天然气股份有限公司海南乐东尖峰加油站	13111973443	乐东县尖峰镇红湖村
20	中国石油化工股份有限公司海南乐东石油分公司城西加油站	13907613979	乐东县番豆桥
21	中国石油化工股份有限公司海南分公司乐东高速路西加油站	13907613979	乐东县西线高速路263公路西侧
22	中国石油化工股份有限公司海南分公司乐东高速路东加油站	13907613979	乐东县西线高速路263公路东侧
23	中国石油天然气股份有限公司海南乐东千家加油站	85620323	乐东黎族自治县千家镇建成区省道313线69公路东侧
24	乐东保显雄湾燃油贸易有限公司保显加油站	13976548999	乐东县志仲镇保国农场保显分场
25	中国石油天然气股份有限公司海南乐东九所南加油站	68525783	乐东黎族自治县九所镇西线高速297公里
26	中国石油天然气股份有限公司海南乐东九所北加油站	68525783	乐东黎族自治县九所镇西线高速297公里
27	中国石油化工股份有限公司海南乐东石油分公司大安加油站	13907613979	海南省乐东县314省道距大安镇约5公里处

八 征稽部门工作职责

(一)规费征收科工作职责

依照《海南经济特区机动车辆通行附加费征收管理条例》规定,根据交通规费征收业务管理工作需要和征收科职能要求,制订如下工作职责:

1. 积极宣传、贯彻国家的法律、法规,严格执行《海南省经济特区机动车辆通行附加费征收管理条例》有关规定，尽职尽责地履行交通规费征收业务管理职能，负责全省交通规费的征收管理工作及相关工作；

2. 根据上级下达的年度交通规费征收任务，拟订、编制各征稽分局的交通规费征收任务和拟订规费统缴方案；

3. 负责各征稽分局的交通规费征收业务管理工作和督促各征稽分局及时追缴交通规费欠账工作；

4. 组织召开征费业务会议，研究处理征费工作中的具体业务问题，接待处理征费业务方面的来信来访；

5. 负责《海南经济特区机动车辆通行附加费征稽登记证》的年度换证和新建油库、加油（气）站的审批工作；

6. 负责油罐车《汽油准运证》的核发和年度换证工作；

7. 负责建立全省油库、加油（气）站和机动车辆台账；

8. 负责交通规费统计报表的汇总上报工作；

9. 会同计财科做好交通规费票据、票证的印制、发放、核销、保管工作；

10. 负责审核各项交通规费减（免）征事项，并按有关规定呈送省局领导核准工作；

11. 积极参与起草交通规费征稽管理方面的地方性法规、规章及其他规范性文件；

12. 积极完成局领导交办的其他工作事项。

（二）征稽分局工作职责

依照《海南经济特区机动车辆通行附加费征收管理条例》规定，并根据交通规费征稽工作需要和基层征稽分局职能要求，制订如下工作职责。

1. 积极宣传、贯彻国家有关交通规费征收的法律、法规，严格执行《海南省经济特区机动车辆通行附加费征收管理条例》有关规定，尽职尽责地履行交通规费征收职能、稽查业务管理职能，负责辖区交通规费的征稽工作；

2. 认真做好辖区内通行附加费的征收管理、规费统缴工作，努力完成省交通征稽局下达的年度征收任务；

3. 通过稽查工作的调查研究，确定稽查目标、方向，制定稽查方案，认真组织开展日常（常规）稽查业务，通过加强稽查促进辖区规费征收工作；积极配合省局及相关部门组织开展的联合（专项）稽查工作；

4. 认真做好加油站、油库的监督管理及相关工作；

5. 做好规费的政策性减免工作，规范退费、重大节假日免征通行费、停启征业务办理流程，努力做好车主交费的服务工作，为促进征稽事业发展做出贡献；

6. 加强与省局相关部门的联络沟通工作，努力做好交通规费征稽信息的交换、应用工作，为促进辖区交通征稽工作作出更大贡献；

7. 认真做好以本辖区机动车辆基础数据为主体的征稽基础数据调研、统计管理、应用及建立征稽基础数据档案工作；

8. 努力做好交通规费征稽咨询工作，认真处理征稽工作的投诉和举报；

9. 切实加强征稽干部职员队伍建设和管理，进一步落实征稽业务岗位职责。对违反交通规费征收法规、滥用职权、徇私舞弊等违法违纪行为进行严肃处理，促进征稽工作人员依法依规、廉洁行政工作；

10. 加强征稽分局的交通征稽文化建设工作，努力营造“与路同在、与车同行”为核心理念的征稽文化氛围，激励广大干部职工为征稽事业贡献力量；

11. 加强与地方政府及相关部门的沟通协调，营造和谐的交通规费征稽工作环境；

12. 积极完成上级交办的其他工作事项。

（三）港口分局工作职责

根据交通规费征收法律法规的规定、《海南经济特区机动车辆通行附加费征收管理条例》和省交通规费征稽局的要求，制订本征稽工作职责。

1. 积极宣传、贯彻国家收的法律、法规，严格执行《海南省经济特区机动车辆通行附加费征收管理条例》有关规定，尽职尽责地履行交通规费征稽业务管理职能，并做好征稽业务管理的相关工作。

2. 根据上级下达的年度交通规费征收任务，努力完成交通规费征收任务。

3. 油库业务管理的工作职责：

（1）负责海口、澄迈马村各汽油批发企业汽油购进或调拨监督管理工作；

（2）负责入罐油品计量、数据审核，以及录入油库发油电脑控制系统工作；

（3）负责全省各汽油批发企业，进、销、存统计及填报工作；

（4）负责发放、回收并核销各汽油批发企业汽油出库《海南机动车辆通行附加费汽油运输凭证》工作；

（5）负责海口地区、澄迈马村各汽油批发企业征稽业务管理工作。指导市（县）征稽分局对托管汽油批发企业的托管业务管理工作；

（6）负责海口地区、澄迈马村各汽油批发企业的盘点、核查工作。协助各汽油批发企业所在属地征稽分局的盘点、核查工作；

（7）负责海口地区、澄迈马村汽油批发企业发油、进油设备的监管工作。特批汽油（如救灾用油、部队用油）的监督、管理出库工作；

（8）负责汽油批发企业在特殊情况下的应急处理工作。

4. 港口码头规费征收工作职责：

（1）负责外省籍柴油机动车辆出岛时，征收临时通行附加费工作；

（2）负责办理本省及纳入本省车管理的外省籍柴油机动车辆出岛时停征、入岛时启征的业务管理；

（3）负责外省籍柴油机动车辆入岛信息的采集、核定、确认及信息录入工作；

①负责采集外省籍柴油机动车辆的详细信息（包括时间、车牌号以及运送货物等）；

②负责鲜活农产品运输车辆减免规费的登记、审核、录入管理系统和相关管理工作。

5. 其他征稽业务工作职责：

（1）负责抽查、核准鲜活农产品减免车辆是否符合规定；

（2）负责对各燃油批发企业相关设备的查检、督导工作；

(3)负责鲜活农产品规费减免的宣传工作。

6. 积极完成上级交办的其他工作任务。

(四)稽查科工作职责

加强交通规费稽查工作是贯彻"稽查促征收,科技促征收"征稽理念的需要,更是执行《海南经济特区机动车辆通行附加费征收管理条例》和省征稽局《交通征稽执法管理规定》的要求、落实稽查科的职能要求,根据交通规费稽查工作需要,制订稽查科征稽工作职责。

1. 积极宣传、贯彻国家相关的法律、法规,严格执行《海南省经济特区机动车辆通行附加费征收管理条例》有关规定,行使交通规费稽查执法征稽职能,负责全省交通规费稽查业务、稽查执法队伍的管理工作,组织联合(专项)稽查执法行动,加强日常(常规)稽查、海上巡航稽查的监督检查;

2. 根据征稽工作需要,制定稽查执法工作方案,严密组织稽查执法行动,严厉打击恶意偷、逃、漏通行附加费的行为;

3. 加强稽查工作研究(稽查工作研究包括稽查理论、法律法规运用和稽查业务范畴的信息情报收集、管理、应用,技术、装备和队伍建设等内容),建立稽查信息、情报收集网络和信息、情报收集制度,组织开展稽查调研工作,为做好稽查工作提供支持及保障;

4. 不断完善稽查执法管理制度,规范稽查执法行为,树立良好征稽行业形象;

5. 负责对全省征稽系统稽查业务进行指导、检查监督;

6. 负责对交通规费行政执法重大案件的督办工作,并建立备案存查制度;

7. 负责全省稽查情况及数据的统计、汇总上报工作;

8. 根据稽查工作需要,拟定年度稽查装备更新、配置计划,对稽查装备的维护管理进行监督;

9. 制订稽查业务培训计划方案,协同人事部门做好稽查业务、队伍的培训工作;

10. 负责制定处置突发性稽查事件应急预案;

11. 积极完成局领导交办的其他工作事项。

(五)稽查局工作职责

依照《海南省经济特区机动车辆通行附加费征收管理条例》和省征稽局《交通征稽执法管理规定》的规定,根据交通规费征稽业务工作需要和稽查局职能要求,制订如下工作职责。

1. 积极宣传、贯彻国家相关的法律、法规,严格执行《海南省经济特区机动车辆通行附加费征收管理条例》,依法查处交通规费违法违规重大案件,负责全省交通规费稽查、调查取证、行政处罚和稽查执法督察等工作;

2. 常态化开展全省交通规费稽查工作,对全省重点地区(路段、港口码头、加油站)、征费难度较大地区开展稽查执法行动;

3. 常态化开展海上稽查执法工作,打击海上运输、销售违规成品油行为,净化成品油运输、燃油经营销售环境;

4. 制定稽查局征稽工作岗位职责,落实工作责任,为加强稽查局征稽职能建设提供保证；

5. 加强稽查信息的收集和研究工作，建立稽查信息交流、应用、管理科学的稽查信息情报收集网络及研究部门，加强与省局稽查科、信息中心、基层征稽分局等征稽部门的信息交流互通工作，为高效履行稽查职责做出努力；

6. 负责全省基层分局稽查执法的督察工作，制定执法督察管理制度，加强稽查执法的监督；

7. 加强稽查执法队伍建设，定期对稽查干部职工开展规费征收业务、稽查业务、行政处罚业务培训。制定海上、岸上稽查执法队伍执法训练大纲和稽查船艇勤务训练大纲，设计训练科目，组织稽查执法训练、安全执法训练、船艇勤务训练和海上巡航执法演练，不断提高稽查执法人员综合素质和执法能力；

8. 加强稽查执法装备管理，制定、完善稽查执法车辆、稽查船艇以及稽查装备的管理制度，落实稽查执法船艇勤务岗位、配好岗位人员，切实加强稽查船艇管理，确保海上稽查执法和日常（常规）稽查执法需要；

9. 积极完成好省局交办的其他工作事项。

（六）信息中心工作职责

为适应我省交通征稽事业发展的需要，进一步落实以科技促进科学征费管理水平理念，落实征稽业务岗位职责，提升信息中心的职能建设而制订本工作职责。

1. 积极推进信息中心工作职能建设，不断完善全省交通征费、监控系统管理制度，努力提升征费、监控系统的维护管理技能，认真履行对全省征费、监控系统管理及维护、征稽业务基础工作研究的职责；

2. 充分利用信息中心的音视频监控系统、港口车辆进出岛自动识别系统等对进出岛柴油车辆、各市县基层分局征费大厅、港口岗亭、加油站（目前以10家试点加油站，争取用较短时间覆盖全省加油站）、运输汽油的油罐车等征稽业务的监控和监管工作；

3. 加强省征稽局热线电话接听等服务工作，提升信息中心投诉举报热线电话的受理、处理能力；

4. 认真负责地履行省局赋予的其他征稽监管工作业务，进一步提升信息中心征稽业务的综合监控、监管能力；

5. 加强信息中心工作人员的业务技能和思想素质建设，进一步落实征稽业务岗位职责，为征稽事业的发展多做贡献，努力实现交通人的中国梦；

6. 积极完成局领导交办的其他工作事项。

第二章　征收业务管理

海南省的交通规费征收工作，经国务院批准作为经济特区单列设立，并经海南省人大以立法的形式批准实施"海南经济特区机动车辆通行附加费征收管理条例"。本章以省交通规费征稽局规费征收科组织全省基层征稽分局开展规费征收为主线，阐述规费征收工作流程及相关工作。

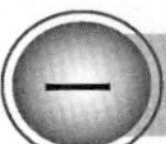

一　规费征收科征收业务管理

（一）征收科征收业务管理（表2-1）

征收科业务事项一览表　　表2-1

序号	业务事项名称	主要内容	责任岗位	备　注
1	征收业务	1.征收计划的制定和调整； 2.征收数据和征收指标的统计分析、预测工作、撰写分析报告； 3.征收业务分析、调研工作	征收报表分析员、科室领导	
2	车辆停启征业务	1.因车辆被盗抢； 2.被依法扣押、查封； 3.发生交通事故； 4.不可抗力等原因； 5.本省柴油车回岛不及时办理启征； 6.其他符合停启征业务	征收业务管理员、科室领导、分管领导	
3	票据管理业务	1.非税一般缴款书的审核、保管； 2.需作废已开具的非税一般缴款书时间超过24小时的，须上报省局征收科受理； 3.省局票证票据由征收科统一印制、发放、保管、核销、稽查等其他监督管理工作	票据管理员、票据审核员、科室领导、分管领导	
4	退费业务	1.机动车辆转到外省籍；机动车辆报废、毁损、或者灭失的； 2.机动车辆被盗抢，超过90日未追回的需要办理退费业务的审批	征收业务管理员、科室领导、分管局领导	

续上表

序号	业务事项名称	主要内容	责任岗位	备注
5	重大节假日的退费业务审核	根据《国务院关于批转交通运输部等部门重大节假日免收小型客车通行费实施方案的通知》(国发〔2012〕37号)文件精神,办理退费审核业务	征收业务管理员、科室领导、分管局领导	
6	新建油站的审批、加油站年审、变更业务	1.受理分局报送的材料审核; 2.签发《海南机动车辆通行附加费征稽登记证》	征收业务管理员、科室领导、分管局领导	
7	油罐车发卡	1.油罐车的新增和变更需提供油罐车的车辆正面相片一张; 2.车辆通行附加费缴讫证和检定证书容积表; 3.道路运输证; 4.车辆行驶证; 5.车主或车属单位法人代表身份证等,审核新增和变更油罐车的材料证件,材料的原件和复印件	征收业务管理员	
8	文件档案管理	起草科室上报和下发的重要文件,不断完善科室工作规章制度,负责科室文档的管理	征收科文秘	
9	业务会议	组织召开征费业务会议,研究处理征费工作中的具体业务问题,接待征费业务方面的来信来访、征收业务的培训	征收报表分析员、科室领导	
10	机动车辆通行附加费统缴工作	实施机动车辆通行附加费统缴工作	征收业务管理员、科室领导	

(二)征收科岗位管理网络图(图2-1)

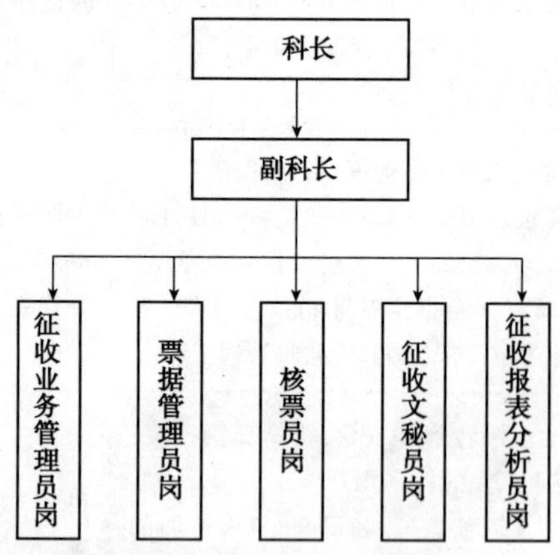

图2-1　征收科岗位管理网络图

（三）征收科岗位工作职责

【科长职责】

1. 在局长及局班子的领导下，负责征收科日常工作及主持征收科全面工作。认真负责地开展征收业务管理，严格、忠实履行交通规费征收科科长岗位职责；组织制定征收科年度工作计划，组织起草科室上报和下发的重要文件；积极参与起草交通规费征稽管理方面的地方性法规、规章及其他规范性文件；

2. 积极宣传、贯彻国家有关交通规费征收的法律、法规，严格执行《海南省经济特区机动车辆通行附加费征收管理条例》有关规定，认真负责地做好交通规费征收管理工作；

3. 协同有关部门制定交通规费征收计划及考核指标，落实各项征费任务，检查督促各项规费收入及时足额上缴国库工作；

4. 组织召开征费业务会议，研究处理征费工作中的具体业务问题，接待处理征费业务方面的来信来访；

5. 负责审核各项交通规费减（免）征事项，并按有关规定呈送分管副局长核准；

6. 按规定的权限，负责规费票证的印制，监督票证的领发、核销管理工作；

7. 负责燃油经营企业新建申报材料的审查上报工作；

8. 协助局领导检查交通规费征稽政策、法规的执行落实情况，指导基层单位征费工作；

9. 负责规费征收调查研究工作的组织和实施；

10. 不断完善征收科规章制度，落实科室文档管理工作；敬岗爱业，尽职尽责，团结带领征收科全体人员不断提高工作效率，努力完成各项工作任务；

11. 积极完成局领导交办的其他工作事项。

【副科长岗位职责】

1. 积极宣传、贯彻国家有关交通规费征收的法律、法规，严格执行《海南省经济特区机动车辆通行附加费征收管理条例》有关规定，认真负责地做好交通规费征收的相关工作；在科长的领导下，认真负责地开展征收业务管理工作，严格、忠实履行交通规费征收科副科长岗位职责；

2. 协助科长制定征收科年度工作计划和完善科内管理的各项规章制度；

3. 负责征费车辆吨位核定及修正工作；

4. 负责欠费车辆减免表的初审并提出意见呈科长审核；

5. 协助科长检查、指导、督促基层单位依法开展征费工作，对征费工作中存在的问题提出意见和建议；

6. 负责征收科人员的考勤工作；

7. 积极协助科长工作，敬岗爱业，尽职尽责，团结科室全体人员努力完成各项工作任务；

8. 在科长授权下代科长行使职责；

9. 积极完成科长交办的其他工作事项。

【文秘岗位职责】

1. 在科长、副科长的领导下，认真负责地开展征收业务工作，严格、忠实履行交通规费征收文秘员岗位职责；

2. 积极宣传、贯彻、执行国家有关交通规费征收的法律、法规，严格执行《海南省经济特区机动车辆通行附加费征收管理条例》有关规定，认真负责地做好交通规费征收的相关工作；

3. 负责收集整理、编印交通规费征收有关信息，为科领导提供交通规费征收工作的信息；负责起草征收科的工作文件及相关材料，并做好文件的收发、归档等管理工作；

4. 积极完成科领导交办的其他工作事项。

【征收业务管理员岗位职责】

1. 在科长、副科长的领导下，认真负责地开展征收业务工作，严格、忠实履行交通规费征收业务管理员岗位职责；

2. 积极宣传、贯彻、执行国家有关交通规费征收的法律、法规，严格执行《海南省经济特区机动车辆通行附加费征收管理条例》有关规定，认真负责地做好交通规费征收的相关工作；

3. 负责办理燃油经营企业新建、年审申报材料的审查、呈批、拟文批复、发证等管理工作；

4. 负责办理车辆征收业务申报表的审查、呈批工作；

5. 参与检查交通规费征稽政策、法规执行情况，指导基层单位依法开展征费工作；

6. 积极完成科领导交办的其他工作事项。

【票据管理员岗位职责】

1. 在科长、副科长的领导下，认真负责地开展征收业务工作，严格、忠实履行交通规费征收业务票据管理员岗位职责；

2. 积极宣传、贯彻、执行国家有关交通规费征收的法律、法规，严格执行《海南省经济特区机动车辆通行附加费征收管理条例》有关规定，认真负责地做好交通规费征收的相关工作；

3. 严格执行省局有关票证审核、管理的规定，负责交通规费各种票证的印制、保管及发放工作，并指导基层单位做好票证管理工作；

4. 负责建立票证收发的总账和明细账，搞好票证销号工作；

5. 积极完成科领导交办的其他工作事项。

【核票员岗位职责】

1. 在科长、副科长的领导下，认真负责地开展征收业务工作，严格、忠实履行交通规费征收业务票据核票员岗位职责；

2. 严格执行省局有关票证审核、管理的规定，负责票证、报表的审核和票证的核查，认真负责地做好票证的审核工作，并指导基层单位做好票证管理工作；

3. 负责办理收费许可证的有关工作；

4. 积极完成科领导交办的其他工作事项。

【报表制作分析员岗位职责】

1. 在科长、副科长的领导下,认真负责地开展征收业务工作,严格、忠实履行交通规费征收业务报表制作分析员岗位职责;

2. 负责制作规费收入月报表;

3. 负责本单位征收数据和征收指标的统计分析、预测工作,撰写分析报告,为拟定征收计划、分解征收任务、制定调整征费标准等提出建议;

4. 负责对全省交通规费征收计划的实施实行动态跟踪及分析研究,并负责撰写分析研究报告,为完成征收目标的动态管理提供决策参考依据;

5. 积极完成科领导交办的其他工作事项。

(四)征收业务管理

交通规费征收业务管理包括:①交通规费征收的相关工作及业务办理流程的管理和监督;②票据管理;③征收业务培训;④规费征收调研及报表的分析研究和规费征收调研工作和规费统缴等工作。

1. 机动车辆停启征业务办理流程图(图 2-2)

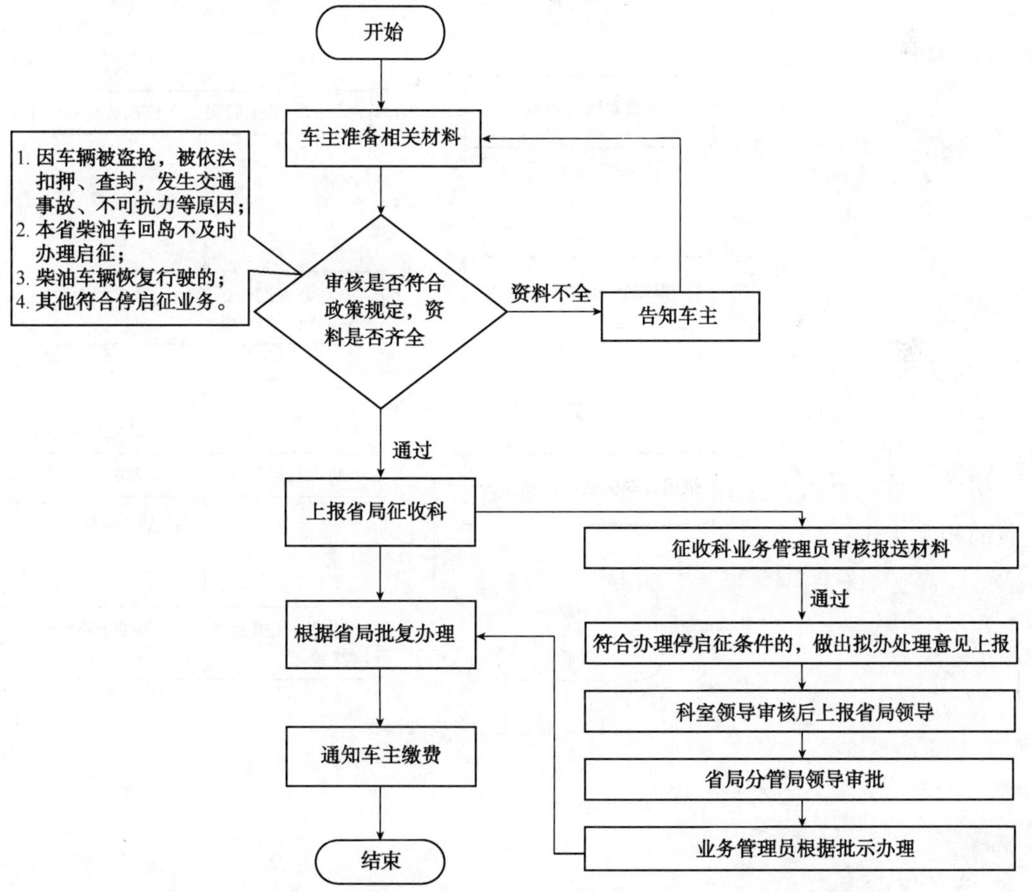

图 2-2　机动车辆停启征业务办理流程图

2. 机动车辆退付业务办理流程图(图 2-3)

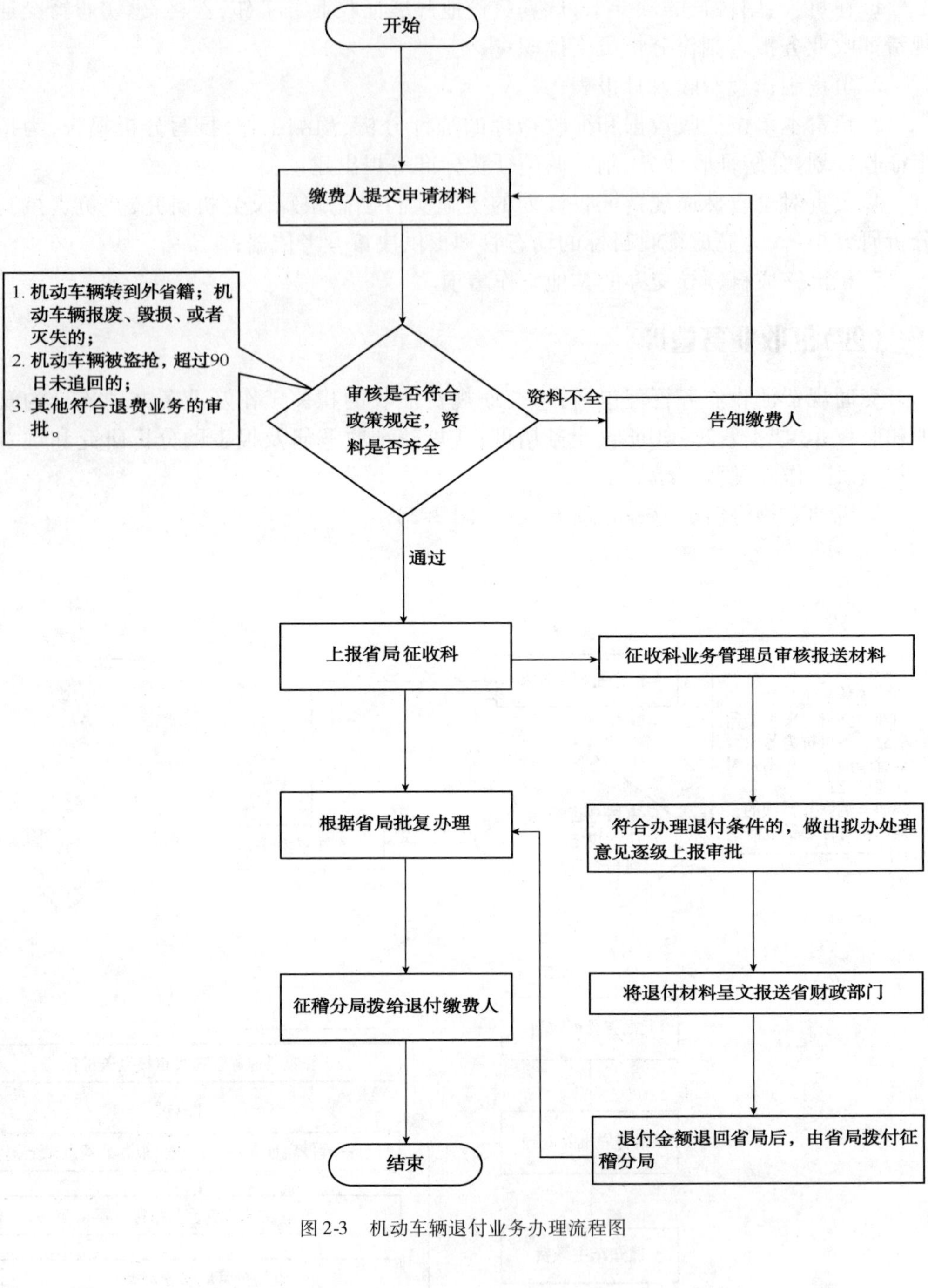

图 2-3　机动车辆退付业务办理流程图

3. 新建加油站、油库业务办理流程图（图 2-4）

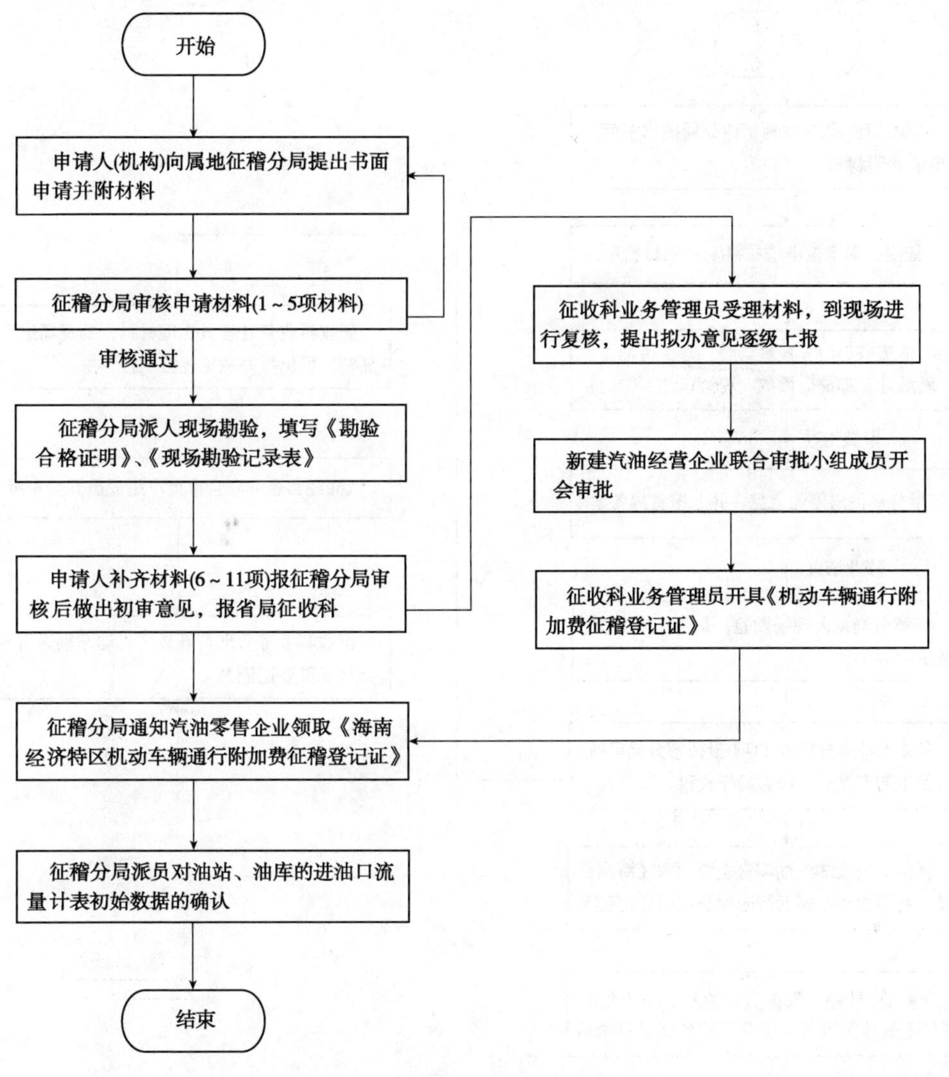

图 2-4　新建加油站、油库业务办理流程图

办理新建加油站、油库业务提供的材料：

1. 汽油经营企业的书面申请（原件）；
2. 油站（油库）平面设计图和效果图（原件）；
3. 油站（油库）管道布置图（原件）；
4. 法人代表身份证复印件及相片；
5. 工商部门核发的《营业执照》（原件审核，复印件存档）；
6. 省计量部门检测合格的汽油罐容积表（原件审核，复印件存档，有效期内）；
7. 加油站（油库）建成后外貌相片；
8. 进油口流量计表安装证明（原件）；
9.《海南经济特区汽油通行附加费征稽登记证申请审批表》一式三份；
10. 省征稽机构颁发的《勘验合格证明》（现场勘验记录表）；
11. 省商务主管部门颁发的《成品油经营许可证》。

4. 加油站、油库停业改造业务办理流程图(图 2-5)

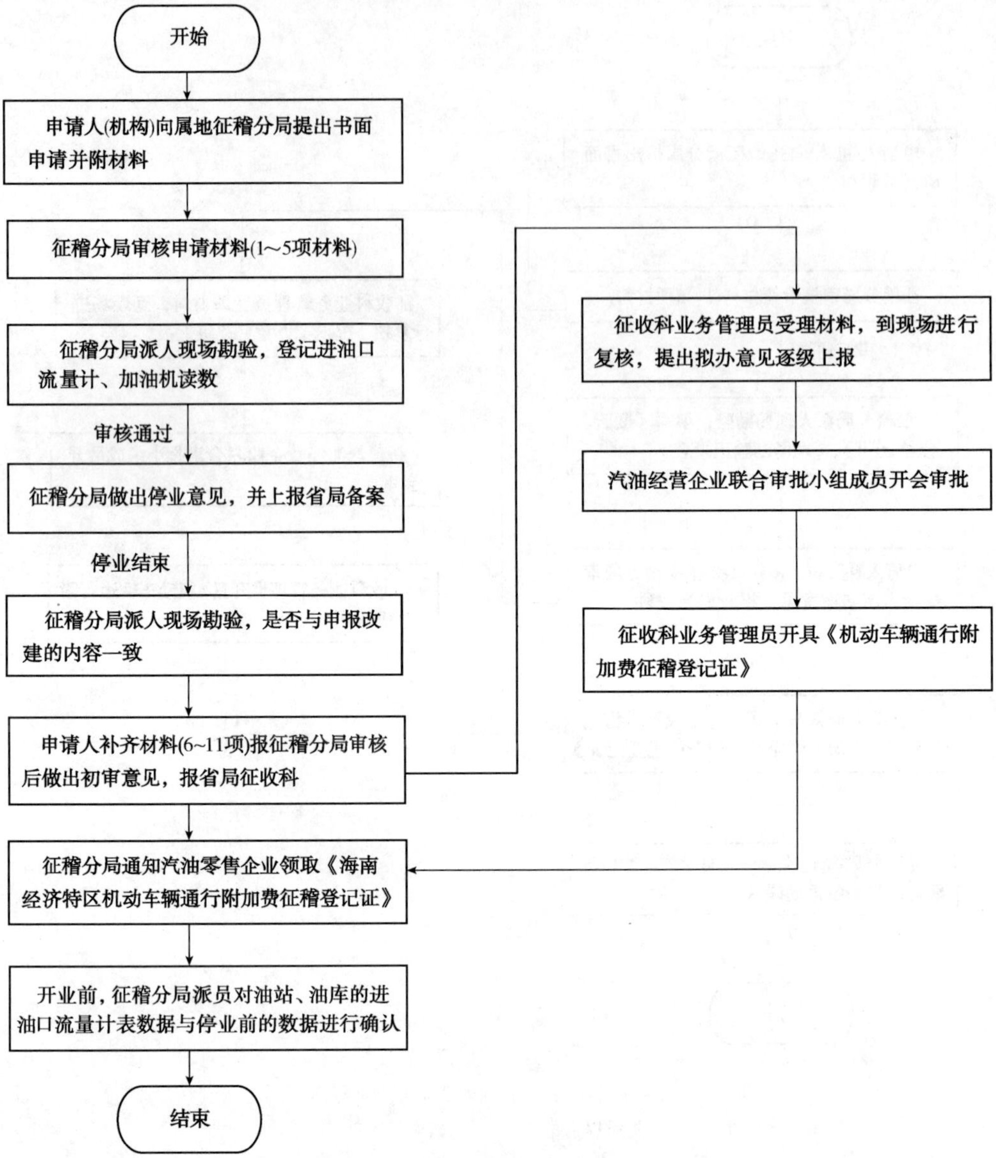

开始

申请人(机构)向属地征稽分局提出书面申请并附材料

征稽分局审核申请材料(1~5项材料)

征稽分局派人现场勘验，登记进油口流量计、加油机读数

审核通过

征稽分局做出停业意见，并上报省局备案

停业结束

征稽分局派人现场勘验，是否与申报改建的内容一致

申请人补齐材料(6~11项)报征稽分局审核后做出初审意见，报省局征收科

征收科业务管理员受理材料，到现场进行复核，提出拟办意见逐级上报

汽油经营企业联合审批小组成员开会审批

征收科业务管理员开具《机动车辆通行附加费征稽登记证》

征稽分局通知汽油零售企业领取《海南经济特区机动车辆通行附加费征稽登记证》

开业前，征稽分局派员对油站、油库的进油口流量计表数据与停业前的数据进行确认

结束

图 2-5　加油站、油库停业改造业务办理流程图

办理油库、加油站停业改造业务所提供的材料：

1. 汽油经营企业的书面申请(原件)；

2. 油站(油库)改建平面设计图和效果图(原件)；

3. 油站(油库)管道布置图(原件)；

4. 法人代表身份证复印件及相片；

5. 工商部门核发的《营业执照》(原件审核，复印件存档)；

6. 省计量部门检测合格的汽油罐容积表(原件审核，复印件存档，有效期内)；

7. 油站(油库)改建后外貌相片；

8. 进油口流量计安装证明及检测合格证(原件)；

9.《海南经济特区汽油通行附加费征稽登记证申请审批表》一式三份；

10. 省征稽机构颁发的《勘验合格证明》《现场勘验记录表》；

11. 省商务主管部门颁发的《成品油经营许可证》。

5. 加油站、油库资料变更业务办理流程图(图 2-6)

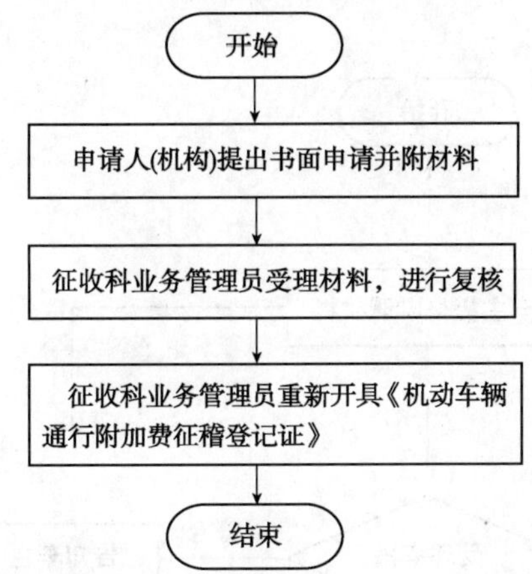

图 2-6 加油站、油库资料变更业务办理流程图

办理油库、加油站变更业务所提供的材料：

1. 汽油经营企业的书面申请(原件)；
2. 法人代表身份证复印件及相片；
3. 企业核准通知书(原件)；
4. 工商部门核发的《营业执照》(原件审核,复印件存档、有效期内)。

6. 征稽登记证年度换证年审业务办理流程图(图 2-7)

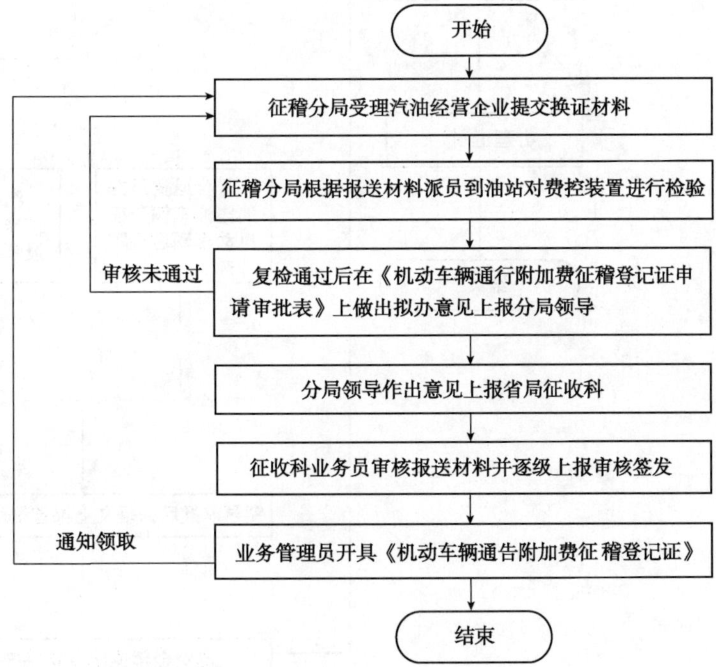

图 2-7 征稽登记证年度换证年审业务办理流程图

年审所需材料内容：

1.《海南经济特区机动车辆通行附加费征稽登记证申请审批表》一式三份；
2. 原核发的《海南经济特区机动车辆通行附加费征稽登记证》；
3.《营业执照》原件及复印件(盖章)；
4.《卧式金属罐容积表》原件及复印件(盖章)。

7. 重大节假日小型客车退费业务办理流程图(图 2-8)

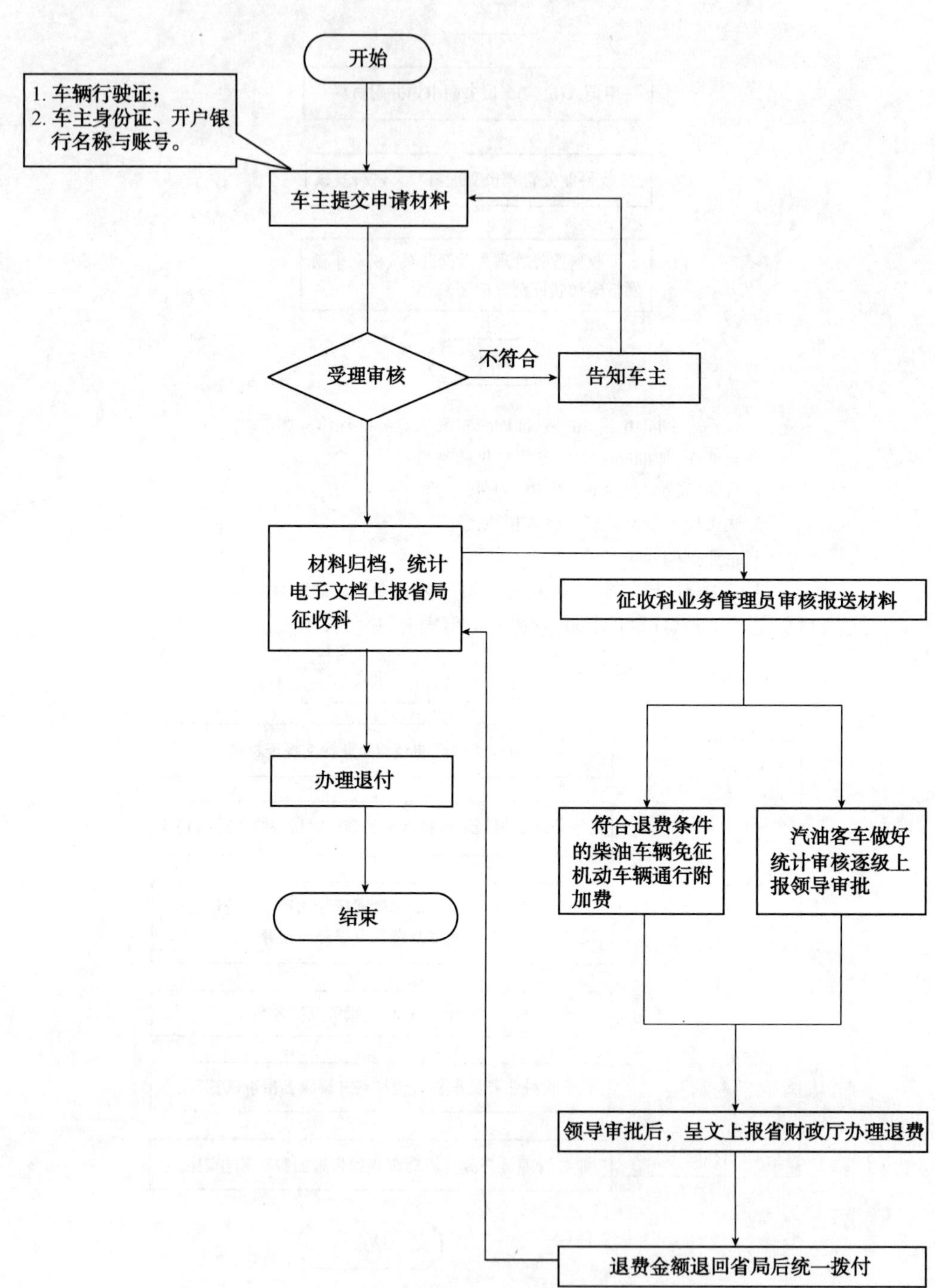

图 2-8　重大节假日小型客车退费业务办理流程图

8. 票据业务办理流程图(图 2-9)

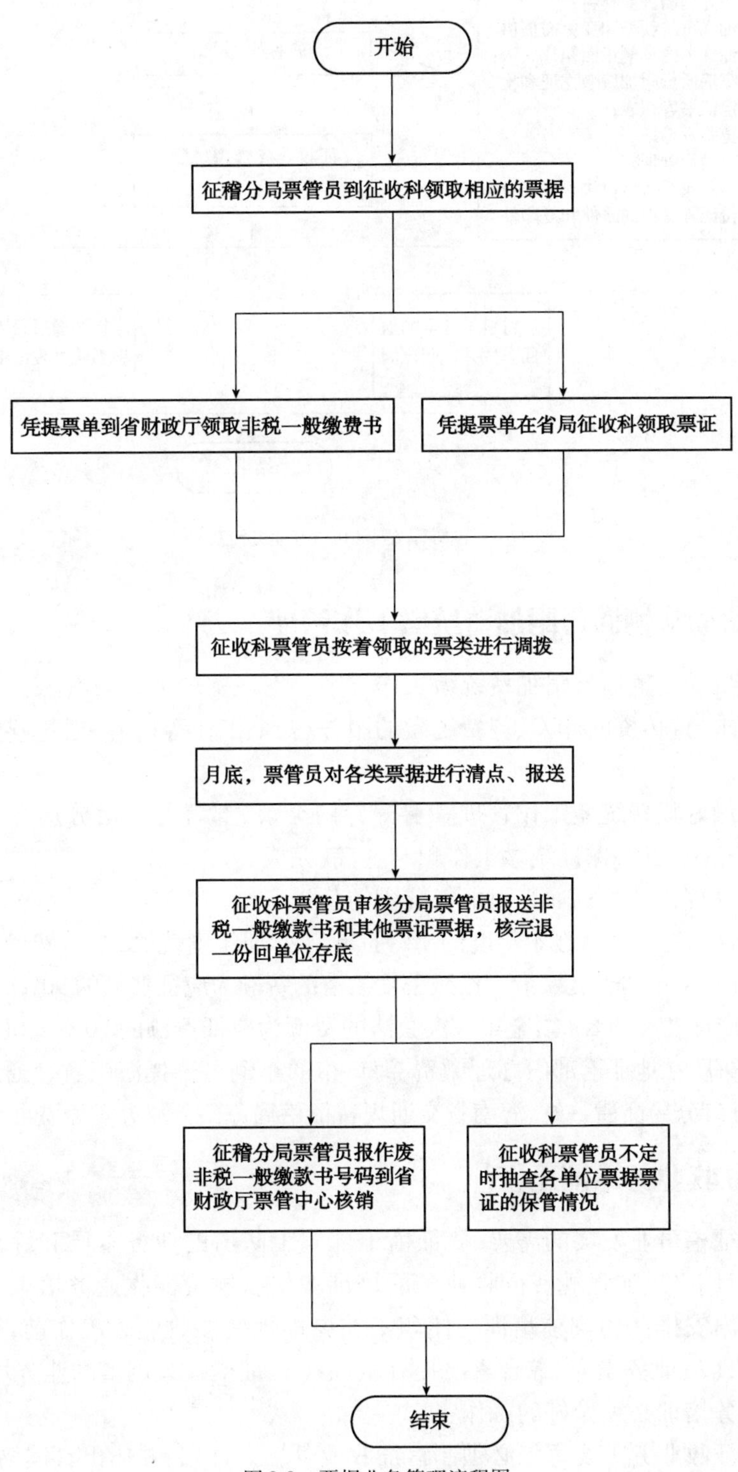

图 2-9　票据业务管理流程图

9. 油罐车发卡(IC 卡)业务流程图(图 2-10)

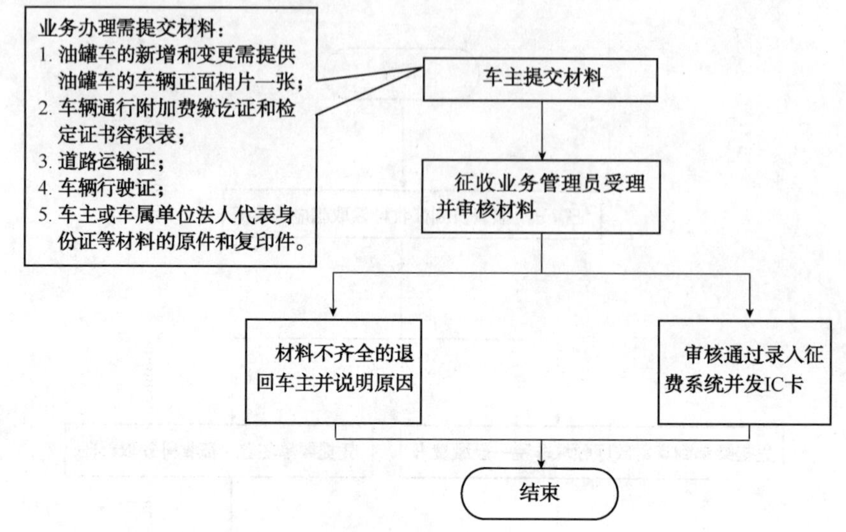

图 2-10　油罐车发卡(IC 卡)业务流程图

(五)机动车辆通行附加费统缴工作管理

1. 制定机动车辆通行附加费统缴工作方案。把规费统缴的目标、起止时间、规费统缴工作要求、宣传资料印发、规费统缴的服务、安全工作等内容,通过媒体以通告形式进行公告。

2. 认真做好规费统缴工作管理。召开专门会议,部署各征稽分局在统缴工作期间必须做好相关工作,保证统缴工作顺利、完满完成。

3. 关于办理机动车辆通行附加费统缴的公告。

机动车辆通行附加费在本年度的 12 月 26 起办理年度统缴,统缴费额可以一次缴清,也可以按照半年和季度缴清。按照季度缴清的费额为应征费额的 90%,按照半年缴清的费额为应征费额的 85%,全年一次缴清的费额为应征费额的 80%。机动车辆缴费义务人到车籍所在地征稽部门办理缴费,海口市的车辆可选择海南省交通规费征稽局海口分局、海口分局征稽一站、海南省交通规费征稽局琼山分局办理缴费业务。

(六)征收业务培训工作

为适应征稽事业发展的需要,使征稽干部职工队伍的业务素质和综合素质得到整体提升,我们必须加强规费征收业务的培训工作。规费征收业务培训工作应从以下三方面作出安排:(1)岗前培训。使职工在参加规费征收业务工作前,得到上岗前的正规培训;(2)业务素质、综合素质提升培训;(3)征稽政策调整的业务培训。

征收业务培训必须做好的工作:

1. 根据征收业务需要每年必须制订征收业务培训计划,并作出具体培训安排。

2. 做好培训教材选编工作。培训教材必须是针对征收业务操作、解决征收业务实际问题的材料。

3. 征收业务培训必须进行严格的考核,学员成绩记入人事档案。

4. 加强征收业务培训工作的组织和管理。

(七)通行附加费征收报表管理工作

通行附加费征收报表管理工作主要有:(1)根据有关规定,征收科负责对各分局报送的各类征收业务报表进行审核和分析研究;(2)对各分局规费征收情况进行跟踪分析研究,并把分析研究情况及应对措施呈报省局分管领导。

二 征稽分局征稽业务管理

征稽业务主要在基层,基层的征稽业务管理直接影响着征稽事业的发展,本书把基层分局征稽业务管理作为独立章节,目的是加强基层征稽工作管理,使征稽工作做得更好。本章内容以海口分局征稽业务管理内容,作为蓝本依据而编写的,各基层分局在执行中可根据各自征稽业务特点加以细化,使其内容更丰富、更加符合征稽工作实际。

(一)海口分局征稽业务事项(表 2-2)

海口分局征稽业务事项一览表　　表 2-2

序号	业务事项名称	主要内容	责任岗位	备注
1	规费征收	1. 通行附加费的征收及管理。 2. 组织完成规费征收任务。 3. 组织解决征费工作中遇到的问题。 4. 落实征稽岗位职责、依法征费,做好征费服务	局长、副局长 征收股长、副股长、站长、副站长、征稽员	
2	规费稽查	查处偷漏、违章欠费车辆、违规走私油品和非法零售站点	分局分管副局长 稽查股股长 征稽员	
3	加油站日常管理(量油及检查监督)	对加油站加强监督管理,进行计量量油业务操作	量油股股长 量油员	
4	业务大厅征稽业务办理	办理车辆入户、征费、退费、停启征业务,以及重大节假日退费等征收业务	停启征岗、综合业务岗、新车征费入户岗、退费等岗位	
5	来信来访、投诉举报受理	收集车主的来信来访、建议、投诉举报等信息,并处理和反馈	行政股股长 法制股股长 科员	
6	行政处罚	对违章欠费、偷漏规费车主进行行政处罚	分局分管副局长 法制股股长 科员	

（二）征稽分局业务大厅管理

征稽业务大厅是展现征稽服务工作、征稽形象的重要窗口，征稽业务大厅各岗位人员必须以建立文明业务窗口的标准，做好相关工作。海口分局业务大厅业务办理窗口设置如表 2-3 所示。

海口分局业务大厅业务办理窗口设置表　　表 2-3

序号	岗　位	窗口数	岗位人数	业务范围
1	报停	1	2	车辆的报停、启征、转籍、报废
2	行政处罚	1	2	违章、欠费车辆的行政处罚
3	缴费	2	2	车辆通行附加费的缴纳
4	重大节假日退费	2	2	受理 7 座以下汽柴油小型客车的节假日退费申请
5	车辆入户受理	1	1	车辆原始资料的审核、入户登记表的填写、验车及归档
6	停启征、退费业务受理	1	1	事故车辆、被盗车辆、退费车辆的审核和受理，车辆过海抵缴业务及其他业务
7	档案录入	2	2	车辆数据库的录入、电子标签 RFID 的发放及过海抵缴业务

（三）海口分局征稽岗位管理网络图（图 2-11）

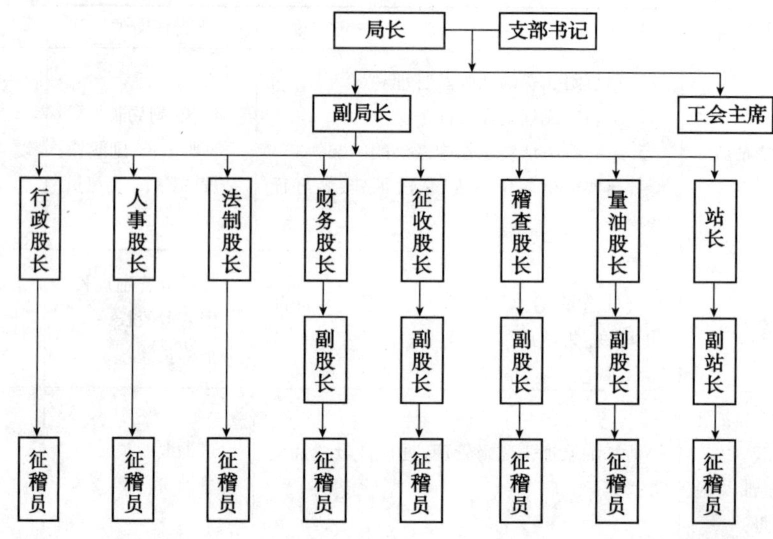

图 2-11　海口分局征稽岗位管理网络图

（四）海口分局征稽岗位职责

【分局局长岗位职责】

1. 在省局班子领导下，主持分局全面工作。认真负责地开展征稽业务管理工作，严格、忠实履行分局局长岗位职责；

2. 积极宣传、贯彻国家有关交通规费征收的法律、法规，严格执行《海南省经济特区机动车辆通行附加费征收管理条例》有关规定，认真负责地做好交通规费征收、稽查的管理工作；

3. 组织制定分局年度工作计划，积极开展征稽业务，努力完成省局下达的规费征收任务以及各项工作任务；

4. 积极贯彻实施省局关于建立征费目标责任量化管理和评价机制的部署，组织制定征稽岗位职责、加强征稽制度、征稽职能建设，大力促进征稽事业的持续健康发展；

5. 制定完善分局各项规章制度，落实征稽工作岗位责任，检查督促各股室（站）履行征稽工作职责；

6. 加强征稽队伍建设，调动积极因素、发挥正能量作用，团结广大干部职工努力做好征稽工作。负责分局内干部职工调配和人事管理工作；

7. 协调做好分局与地方政府部门的外部关系，营造和谐的征稽环境；

8. 负责财务开支审批，坚持大额开支由班子集体讨论决定原则，管好分局财务工作；

9. 负责文件、报告及报表的签发工作；

10. 积极完成上级交办的其他工作。

【副局长岗位职责】

1. 在省局班子领导下，协助分局局长工作。认真负责地开展征稽业务管理工作，严格、忠实履行分局副局长岗位职责；

2. 积极宣传、贯彻国家有关交通规费征收的法律、法规，严格执行《海南省经济特区机动车辆通行附加费征收管理条例》有关规定，认真负责地做好分管工作；

3. 协助局长组织制定分局年度工作计划，积极开展征稽业务，努力完成省局下达的规费征收任务以及各项工作任务；

4. 积极贯彻实施省局关于建立征费目标责任量化管理和评价机制的部署，落实征稽岗位职责、征稽制度，大力促进征稽事业的持续健康发展；

5. 带头学习征稽业务知识，掌握业务操作技能。带头执行分局各项规章制度，检查督促分管股室（站）履行征稽工作职责；

6. 加强征稽队伍建设，调动积极因素、发挥正能量作用，团结广大干部职工努力做好征稽工作；

7. 协助局长处理好与地方政府部门的外部关系，营造和谐的征稽环境；

8. 积极完成领导交办的其他工作。

【行政股股长岗位职责】

1. 在分局局长领导下，认真负责地做好分局办公室工作，严格、忠实履行分局行政股股长岗位职责；

2. 认真负责地做好分局上传下达、协调股室（站）等部门工作，为分局领导班子开展征稽业务等工作做好服务，为分局领导进行征稽业务等工作决策做好参谋工作；

3. 积极贯彻实施省局关于建立征费目标责任量化管理和评价机制的部署，对分局征稽岗位职责的落实、各项规章制度的实施行使检查、监督落实之责，促进分局的规范化管理工作；

4. 负责组织分局文稿的起草、核稿工作；

5. 协助局长做好征稽业务等工作总结，负责组织起草年度工作计划、工作总结；

6. 积极协助分局领导做好分局的宣传工作；

7. 负责分局组织召开会议的会务工作；

8. 积极完成分局领导交办的其他工作。

【行政股科员岗位职责】

1. 在分局办公室主任的领导下，认真负责地履行行政股科员岗位职责，积极完成工作任务，为分局领导日常工作做好服务；

2. 严格贯彻执行分局各项规章制度，检查、监督执行落实情况，总结执行落实经验，为分局领导施政提供支持；

3. 负责分局重大会议会务工作和局长日常办公会议会务工作；

4. 负责分局文件、档案的管理工作；

5. 负责分局资产的管理，建立固定资产、低值易耗品等物品的购买、验收、保管、使用登记、定期检查使用情况等工作；

6. 负责做好分局电话、传真和复印机等办公设备的使用及管理；

7. 负责分局车辆的管理及调度，定期检查车辆使用情况工作，建立车辆档案，加强车辆维修、保养管理及司机的安全教育工作；

8. 负责分局的接待工作；

9. 负责分局的信访工作；

10. 负责办理分局的收费许可证、组织机构代码证、税务登记证的换发、年检等工作；

11. 积极完成分局领导交办的其他工作事项。

【财务股股长岗位职责】

1. 在分局局长领导下，贯彻执行《会计法》和财务管理规定，认真履行会计的核算和监督职能；

2. 贯彻执行省征稽局、省财政厅统一制定的交通征费稽查部门会计制度，搞好业务基础建设；加强会计核算和财务管理工作，遵守财经纪律和廉洁自律规定；

3. 认真贯彻执行《海南经济特区机动车辆通行附加费征收管理条例》、《海南省非税收入管理办法》的规定，做好规费征收票证票据的使用、核销等管理工作；

4. 依照《会计基础工作规范》的要求做好会计核算工作，认真审核财务的各项开支情况，保证各项开支的合法性、合理性和有效性；

5. 认真执行上级下达的财务收支预算计划，加强各项资金使用情况的监督，保证分局财务计划的正确执行；

6. 负责审查年、季、月会计报表，做好财务报表汇总、上报、财务指标分析工作；

7. 加强固定资产和流动资产的管理工作。会同相关部门做好固定资产和流动资产的管理，定期进行固定资产清查，确保国有资产的安全和完整；

8. 积极完成领导交办的其他工作。

【财务股科员（含票证管理员）岗位职责】

1. 在股长、副股长领导下，认真履行财务股科员职责；协助股长编制分局年度预算方案；

2. 负责做好分局年、季、月会计报表，协助股长做好财务报表汇总、上报工作；

3. 认真执行上级下达的财务收支预算计划，加强各项资金使用情况的监督，保证分局财务收支计划的正确执行；

4. 根据税务部门规定，负责计算和代扣个人所得税，并及时缴纳；负责办理日常各项支出的报销业务；

5. 负责保管、使用分局的定额备用金和向核算站领取的转账支票、专用报销凭证、应缴财政专户的收入和往来等各种票据，并合理使用各种专用票据；

6. 负责做好分局固定资产清查、管理工作；

7. 积极完成领导交办的其他工作。

【征收股股长岗位职责】

1. 在分局局长领导下，认真负责地开展征收业务工作，严格、忠实履行分局交通规费征收股股长岗位职责；组织制定征收股年度工作计划和年度工作总结的撰写。主持征收股工作；

2. 积极宣传、贯彻国家有关交通规费征收的法律、法规，严格执行《海南省经济特区机动车辆通行附加费征收管理条例》有关规定，不断完善征收业务管理规章制度，认真负责地做好交通规费征收管理工作；

3. 负责处理征费工作具体业务问题，接待处理征费业务方面的来信来访；组织征收业务的调查研究、组织召开征收业务会议；

4. 负责规费统缴业务的组织、宣传、协调、安全管理等工作，确保规费统缴工作安全有序进行；

5. 负责审核交通规费减（免）征、退费以及相关事项，并按有关规定呈送分局长核准后上报省局征收科；

6. 负责新建燃油经营企业申报材料的审核上报工作；

7. 负责规费票证的使用、核销、报表报送等管理工作；

8. 敬岗爱业，尽职尽责，团结带领征收股全体人员不断提高工作效率，努力完成各项工作任务；

9. 积极完成分局领导交办的其他工作。

【征收股副股长岗位职责】

1. 在分局局长领导下，认真负责地开展征收业务工作，严格、忠实履行分局交通规费征收股副股长岗位职责；

2. 积极宣传、贯彻国家有关交通规费征收的法律、法规，严格执行《海南省经济特区机动车辆通行附加费征收管理条例》有关规定，协助股长认真负责地做好交通规费征收业务管理工作；

3. 负责处理征费工作中的具体业务问题，接待处理征费业务方面的来信来访；协助股长组织征收业务的调查研究、为召开征收业务工作会议做好会务工作；

4. 负责审核交通规费减（免）征、退费以及相关事项，并按有关规定呈送分局长核准后上报省局征收科；

5. 负责新建燃油经营企业申报材料的审核上报工作；

6. 负责规费票证的使用、核销、报表报送等管理工作；

7. 敬岗爱业，尽职尽责，团结带领征收股全体人员不断提高工作效率，努力完成各项工作任务；

8. 积极完成分局领导交办的其他工作。

【验车管理员岗位职责】

1. 在分局局长的领导下，认真负责地开展征收业务工作，严格、忠实履行交通规费征收业务验车管理员岗位职责；

2. 熟悉和掌握交通规费征收政策法规和交通规费征收标准规定，并持证上岗；熟悉验车工作技能及办理业务流程，负责新车入户或转籍车辆的审验；

3. 验车管理员必须具有良好的沟通能力和协调能力。在业务办理过程中要细致、耐心、热情服务；

4. 熟练使用办公自动化设备，努力提高工作效率；

5. 负责本辖区车辆档案的建立、分类、整理、保管、鉴定、统计、使用(应用)管理等工作；

6. 做爱岗敬业、吃苦耐劳、诚实廉洁的征稽人。

【档案录入管理员岗位职责】

1. 在分局局长的领导下，认真负责地开展征收业务工作，严格、忠实履行交通规费征收业务档案录入管理员岗位职责；

2. 熟悉和掌握交通规费征收政策法规和交通规费征收标准规定，并能熟练运用；

3. 采集录入机动车辆信息并归类整理建档。认真、细致地审核把关，准确核定车辆计征吨位、起征时间，确保信息录入完整无误，以建立征稽基础数据库的标准做好该项工作；

4. 熟练使用办公自动化设备，努力提高工作效率；

5. 做爱岗敬业、吃苦耐劳、诚实廉洁的征稽人。

【打票员岗位职责】

1. 在分局局长的领导下，认真负责地开展征收业务工作，严格、忠实履行交通规费征收业务打票员岗位职责；

2. 在办理业务过程中要态度和蔼、热情服务，耐心向缴费当事人宣传和解释相关政策规定。严格按刷卡收费规定办理缴费业务；

3. 熟悉和掌握交通规费征收政策法规和交通规费征收标准规定，并能熟练运用；

4. 熟练使用办公自动化设备，努力提高工作效率；

5. 妥善处理收费过程中与缴费当事人的矛盾和纠纷；

6. 做爱岗敬业、吃苦耐劳、诚实廉洁的征稽人。

【停启征管理员岗位职责】

1. 在分局局长的领导下，认真负责地开展征收业务工作，严格、忠实履行交通规费征收业务停启征管理员岗位职责；

2. 熟悉和掌握交通规费征收政策法规和停启征业务的相关规定及操作流程；

3. 在办理业务过程中要态度和蔼、热情服务，耐心向办事人员宣传和解释相关的政策规定；

4. 熟练使用办公自动化设备，努力提高工作效率；

5. 认真细致地做好报停车辆的档案录入、整理、归档、清洁和保管等工作，以保证车辆档案准确无误；

6. 做爱岗敬业、吃苦耐劳、诚实廉洁的征稽人。

【稽查股股长岗位职责】

1. 在分局局长的领导下，认真负责地开展规费稽查业务工作，严格、忠实履行分局交通规费稽查股股长岗位职责；

2. 负责制订稽查股年度工作计划，年度工作总结撰写工作；

3. 组织制订稽查执法行动方案，稽查执法应急预案，报送分局领导批准，组织实施稽查执法行动，科学处理稽查执法行动中发生的紧急事故（事件）；

4. 负责在稽查执法任务完成后，向相关股全面移交稽查执法材料、证据、查扣物等，协助相关股做好行政处罚工作；

5. 撰写稽查报告和稽查日志，编制稽查报表，经分局局长审核后上报省局稽查科；

6. 做好稽查装备的维修保养工作，确保稽查装备使用之需；

7. 按有关规定，定期组织开展稽查业务培训和学习，努力提升稽查执法队伍的稽查执法能力；

8. 积极完成分局领导交办的其他工作。

【稽查股副股长岗位职责】

1. 在分局局长的领导下，协助股长工作，认真负责地开展规费稽查业务，严格、忠实履行分局交通规费稽查股副股长岗位职责；

2. 协助股长制订稽查股年度工作计划，年度工作总结撰写工作；

3. 协助股长组织制订稽查执法行动方案，稽查执法应急预案，报送分局领导批准，组织实施稽查执法行动，科学处理稽查执法行动中发生的紧急事故（事件）；

4. 负责在稽查执法任务完成后，向相关股全面移交稽查执法材料、证据、查扣物等，协助相关股做好行政处罚工作；

5. 撰写稽查报告和稽查日志，编制稽查报表，经股长及分局局长审核后上报省局稽查科；

6. 做好稽查装备的维修保养工作，确保稽查装备使用之需；

7. 协助股长定期组织开展稽查业务培训和学习，努力提升稽查执法队伍的稽查执法能力；

8. 积极完成分局领导交办的其他工作。

【稽查员岗位职责】

1. 熟悉和掌握交通规费征收政策法规和交通规费征收标准，在征稽分局局长领导下，认真负责地开展征收业务工作，严格、忠实履行交通规费征收业务稽查员岗位职责；

2. 按照交通规费征稽法规规定，制订日常（常规）稽查执法方案、稽查执法应急预案，并持证上岗；

3. 熟悉和掌握稽查装备性能、使用和保养方法，组织辖区内日常稽查执法行动；

4. 积极参加省局组织的联合专项稽查执法行动，并认真配合做好相关工作；

5. 按照有关规定，依法对拖欠、偷逃规费等违法行为按程序进行立案、调查取证工作，对违法违规的案件提出处罚（处理）意见；

6. 按有关规定认真填写稽查日志，结合稽查执法实践，认真总结研究在执法中发现的新情况、新问题，为更有效地开展稽查执法提供依据；

7. 做爱岗敬业、吃苦耐劳、诚实廉洁的征稽人。

【计量股（量油股）股长岗位职责】

1. 在分局领导班子的领导下，严格执行《海南经济特区机动车辆通行附加费征收管理条例》和相关政策规定，忠实履行油库、加油站的量油股职能和职责，主持量油股全面工作；

2. 熟悉和掌握交通规费征收政策法规和交通规费征收标准，熟练掌握量油工具的使用方法、计量操作规程、计量计算方法等征稽业务知识，并持证上岗；

3. 做好油库、加油站的相关协调工作，正确处理好油库、加油站等服务对象关系，营造和谐征稽工作环境；

4. 合理调配、安排量油员及股内工作人员工作，调动员工的工作积极，营造和谐的工作氛围；

5. 团结带领员工为征稽事业的发展贡献力量；

6. 积极完成领导交办的其他工作。

【计量股（量油股）副股长岗位职责】

1. 在分局领导班子的领导下，严格执行《海南经济特区机动车辆通行附加费征收管理条例》和相关政策规定，忠实履行油库、加油站的量油股职能和职责，协助股长做好量油股工作；

2. 熟悉和掌握交通规费征收政策法规和交通规费征收标准，熟练掌握量油工具的使用方法、计量操作规程、计量计算方法等征稽业务知识，并持证上岗；

3. 深入辖区内各油库、加油站，全面掌握油库、加油站的相关情况，发现、解决问题。积极研究探讨加强、改进油库、加油站管理的方式方法；

4. 团结带领员工为征稽事业的发展贡献力量；

5. 积极完成领导交办的其他工作。

【计量员（量油员）岗位职责】

1. 在股长带领下，认真负责地开展征收业务工作，严格、忠实履行交通规费征收业务量油员岗位职责；

2. 熟悉和掌握量油工具的使用方法，按计量操作规程，并持证上岗；对辖区内的油库和加油站进行测量、计算，做好测量数据记录，及时如实填写相关账、表、单工作；

3. 根据油库或加油站的进销存记录，通过“计量平衡计算公式”核实油库或油站销售数据，计算误差率，并能分析查找和发现问题；

4. 认真学习消防知识，熟悉加油站内消防器材性能，并能熟练操作消防器材灭火；

5. 做爱岗敬业、吃苦耐劳、诚实廉洁的征稽人。

【征稽站站长岗位职责】

1. 在分局局长、副局长领导下主持征稽站工作，严格行使站长岗位职责、执行分局规章制度，负责站内日常事务；

2. 宣传、贯彻、执行国家和本省有关交通规费征收的法律、法规、规章和规范性文件，以身作则、规范、有序、高效地开展征稽业务活动；

3. 负责职工思想教育工作，组织员工开展创先争优活动，保持良好的站风、站容、站貌，不断提高征稽业务水平和服务质量；

4. 熟悉各项征稽业务的操作规程，坚持亲临征稽现场，加强检查、督促各征稽岗位工作，合理配置人力、物力，积极开展规费征收和稽查工作。对站内设备设施定期进行检查及维护，保证其正常运行；

5. 负责征稽站所有票据、票证的领取、发放，并负责票证票据的检查、保管和核销工作；

6. 负责落实员工消防安全工作责任，对消防安全负全责；

7. 做好员工的年度考核考评工作，落实奖惩机制；

8. 积极完成分局领导交办的其他工作事项。

【征稽站副站长岗位职责】

1. 在站长领导下开展征稽业务工作。协助站长做好征稽站的管理和监督工作。负责做好当班期间一切日常事务；

2. 熟悉征稽站各项业务流程和操作规程，并能坚持在征稽业务岗位处理征稽业务，加强站内的管理、检查、督促工作，确保征稽服务及质量水平都在良好状态；

3. 熟悉和掌握交通规费征收政策法规和交通规费征收标准；

4. 负责员工的思想教育工作，发现问题及时纠正，保持良好的站风、站容、站貌和服务质量；

5. 落实消防工作责任，当班期间对消防安全工作负责，发生重大事故除及时汇报外，还须采取积极有效的抢救措施；

6. 积极完成分局领导交办的其他工作事项。

【征稽站科员岗位职责】

1. 在站长的领导下，认真负责地履行征稽工作职责；

2. 熟悉和掌握交通规费征收政策法规和规费征收标准；

3. 熟悉征稽工作业务流程和操作规程和熟练使用办公自动化设备，能够独立并高效率地完成本职工作；

4. 树立车主客户第一的服务理念，发现问题及时纠正，妥善处理收费过程的矛盾和纠纷；

5. 积极落实消防工作责任，对当班期间的消防安全工作负责；

6. 爱岗敬业、吃苦耐劳，以良好的站风、站容、站貌及服务质量标准做好征稽工作。

【工程师岗位职责】

1. 在分局局长的领导下，负责分局征稽技术发展规划制定、征稽技术技能的培训及设备、装备管理工作。对分局股室（站）进行征稽设备技术指导；

2. 负责解决征收工作中重大技术问题。深入规费征收、稽查和量油的各个环节，抓好安全技术保障，检查督促各项技术指标的执行落实；

3. 负责组织制订分局征稽设备技术管理制度；

4. 参与分局征稽管理决策活动，并提供技术上的合理化建议，在科学技术方面提供支持；

5. 积极完成分局领导交办的其他工作事项。

（五）征收业务受理工作管理

1. 新增车辆缴费业务流程图（图 2-12）；

2. 正常车辆缴费业务流程图（图 2-13）；

3. 车辆办理报停业务流程图（图 2-14）；

4. 报停车辆办理启征业务流程图（图 2-15）；

5. 车辆办理转籍业务流程图（图 2-16）；

6. 车辆办理报废业务流程图（图 2-17）；

7. 机动车辆办理停启征业务流程图(图2-18)；

8. 机动车辆办理退付业务流程图(图2-19)；

9. 重大节假日小型客车办理退费业务流程图(图2-20)；

10. 外省车辆岛内办理缴费业务流程图（图2-21)；

11. 票据管理流程图(图2-22)。

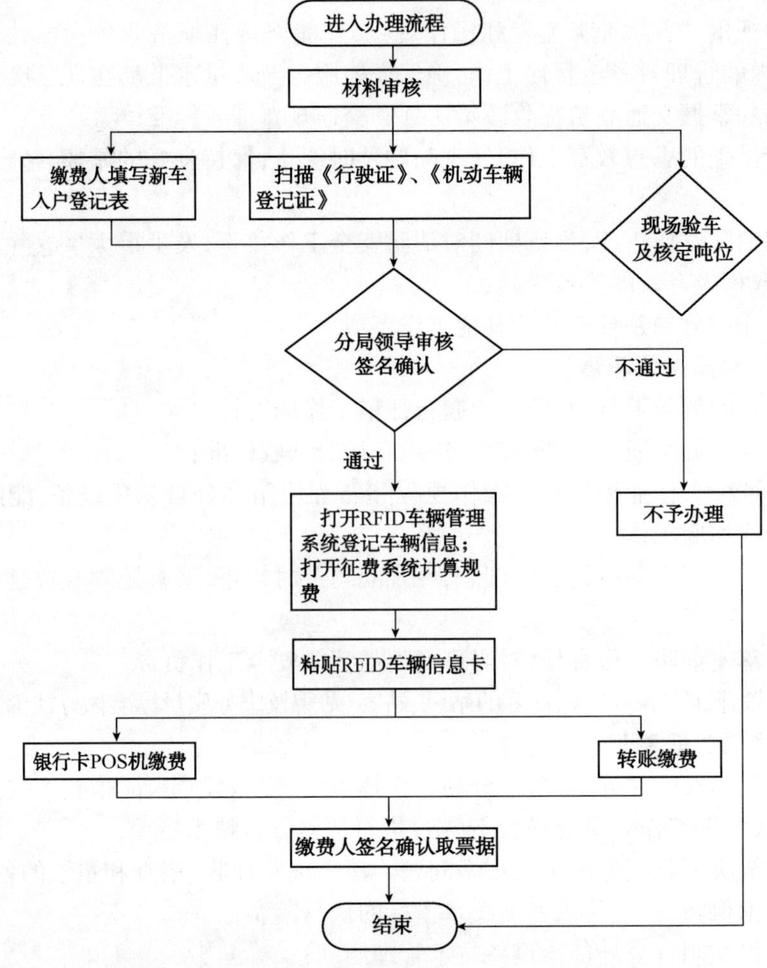

图2-12　新增车辆缴费业务流程图

需审核材料：

①《机动车行驶证》正、副证原件及复印件；

②(机动车登记证书)原件及复印件；

③车主身份证原件及复印件；

④车辆彩色相片一张，尺寸要和行驶证同规格；

⑤委托办理的，提供车主本人委托书一份(车主签名和手印)，代理人身份证原件及复印件；

⑥企业，单位户籍车辆办理的，提供企业营业执照副本或机关事业单位组织机构代码证原件及复印件；

⑦外省车辆办理的，需提供车主的申请证明。

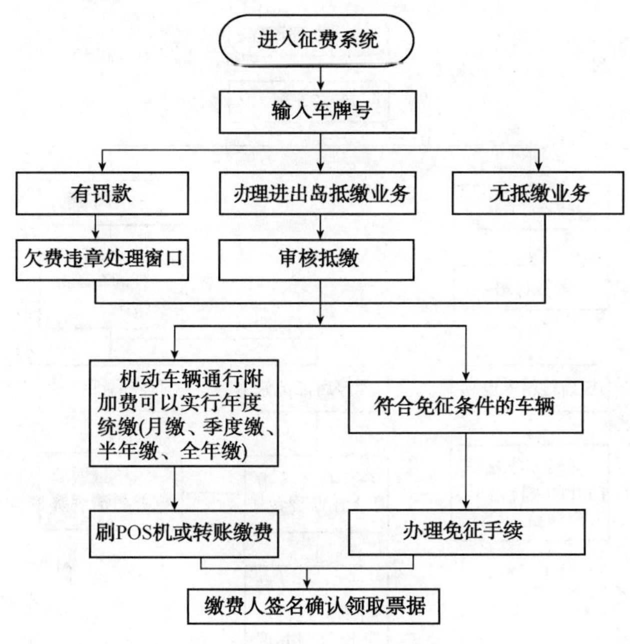

图 2-13　正常车辆缴费流程图

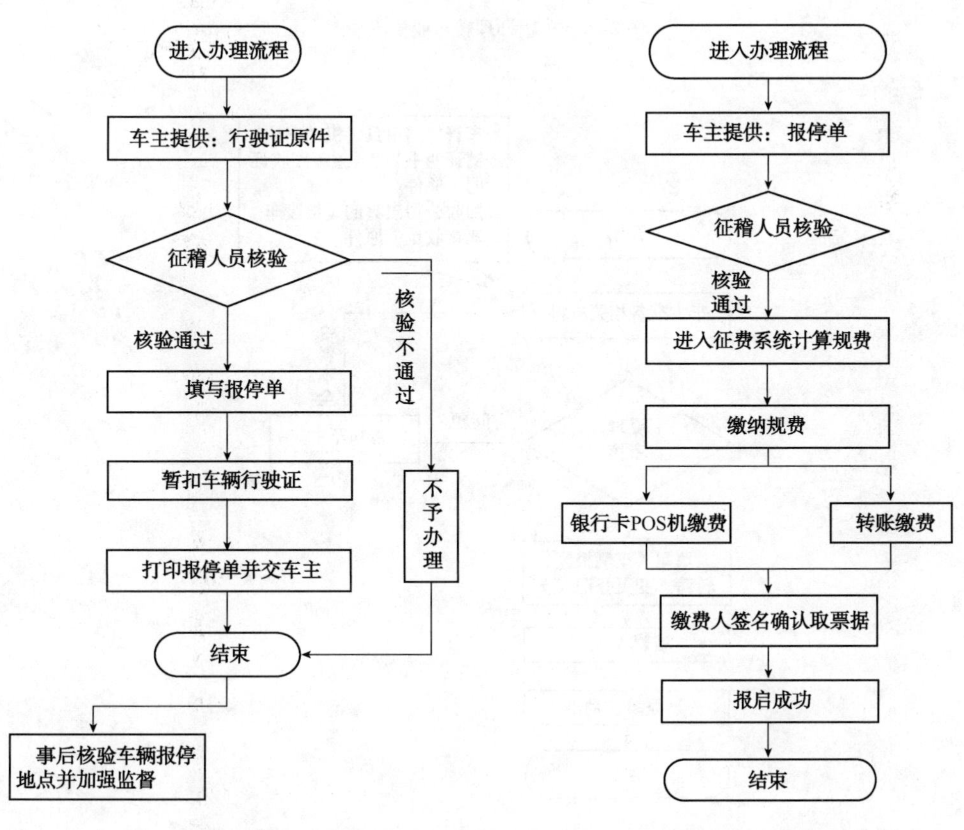

图 2-14　车辆办理报停业务流程图

图 2-15　报停车辆办理启征业务流程图

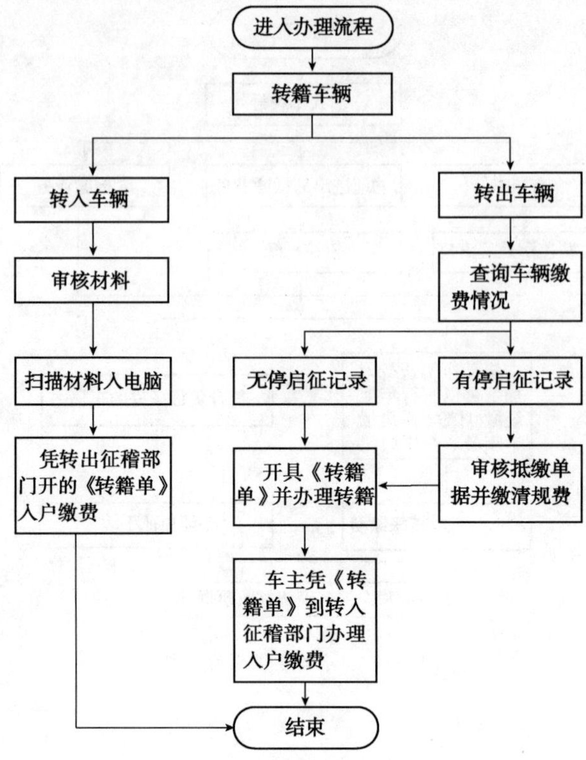

图 2-16 车辆办理转籍业务流程图

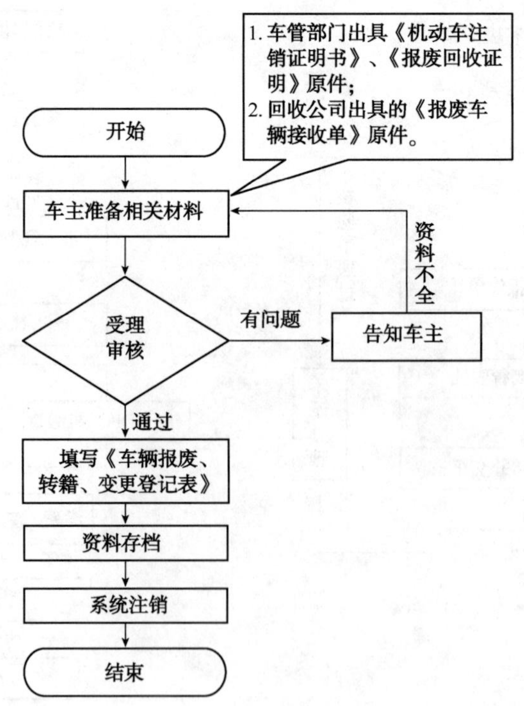

图 2-17 车辆办理报废业务流程图

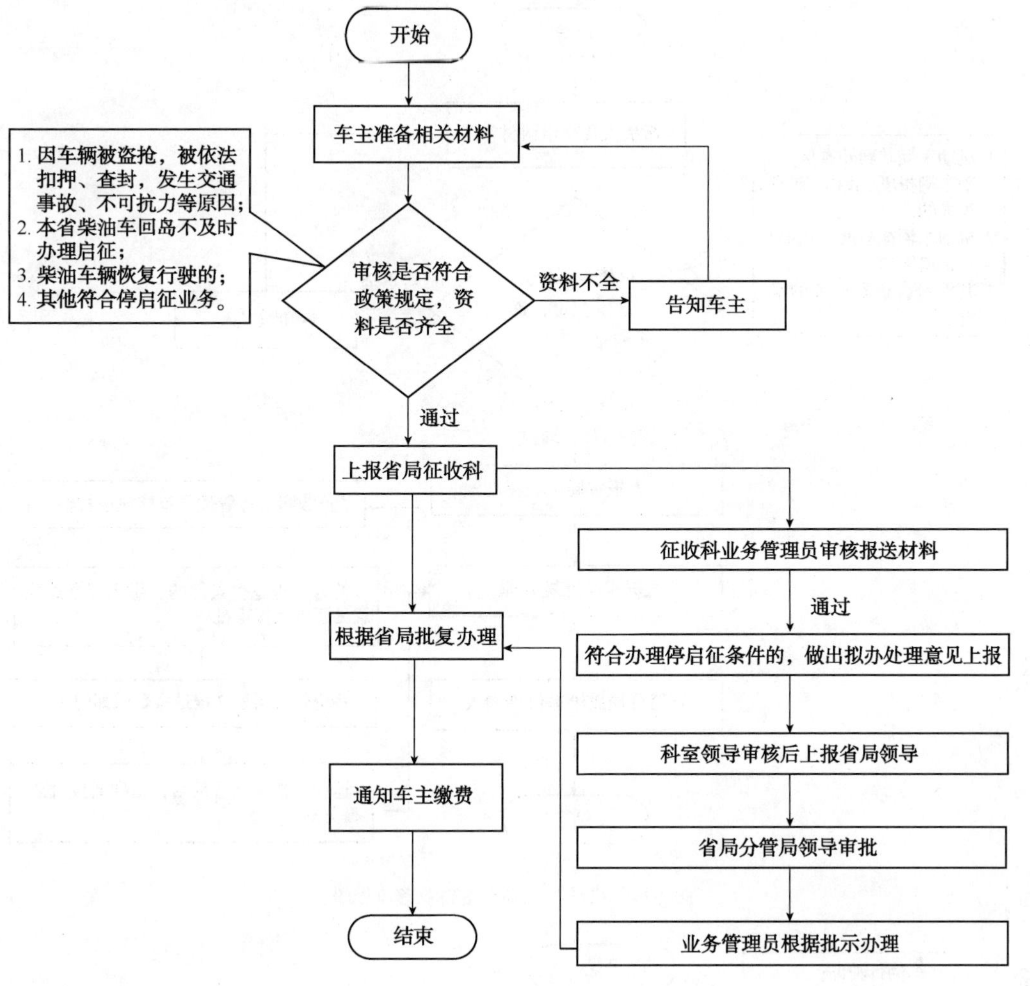

办理停启征业务所需审核资料：

1. 车辆被盗抢的，提供《停征申请》二份（征稽分局和车主各一份），公安部门的报案手续（案件回执单）原件审核，复印件存档。

2. 车辆被依法扣押、查封的，提供《停征申请》二份（征稽分局和车主各一份），扣押、查封部门出具的相关材料。

3. 车辆发生交通事故的：

①提供《停征申请》二份（征稽分局和车主各一份）。

②缴费义务人自领取交通事故认定书之日起，30 个工作日内必须向车籍所在地征稽部门申请办理停征手续。逾期未办理停征手续的将不再受理。办理柴油车辆交通事故停征手续应提供柴油车辆的交通事故认定书和事故照片。

③受理停征业务的征稽员认真核验申请人提供的资料，确定资料的真实性和合法性，要求车主填写《交通事故停征受理表》，经当地征稽分局核实情况，明确车辆停放地点并加强监管，做出初审意见报省局审批办理停征手续。

图 2-18　机动车辆办理停启征业务流程图

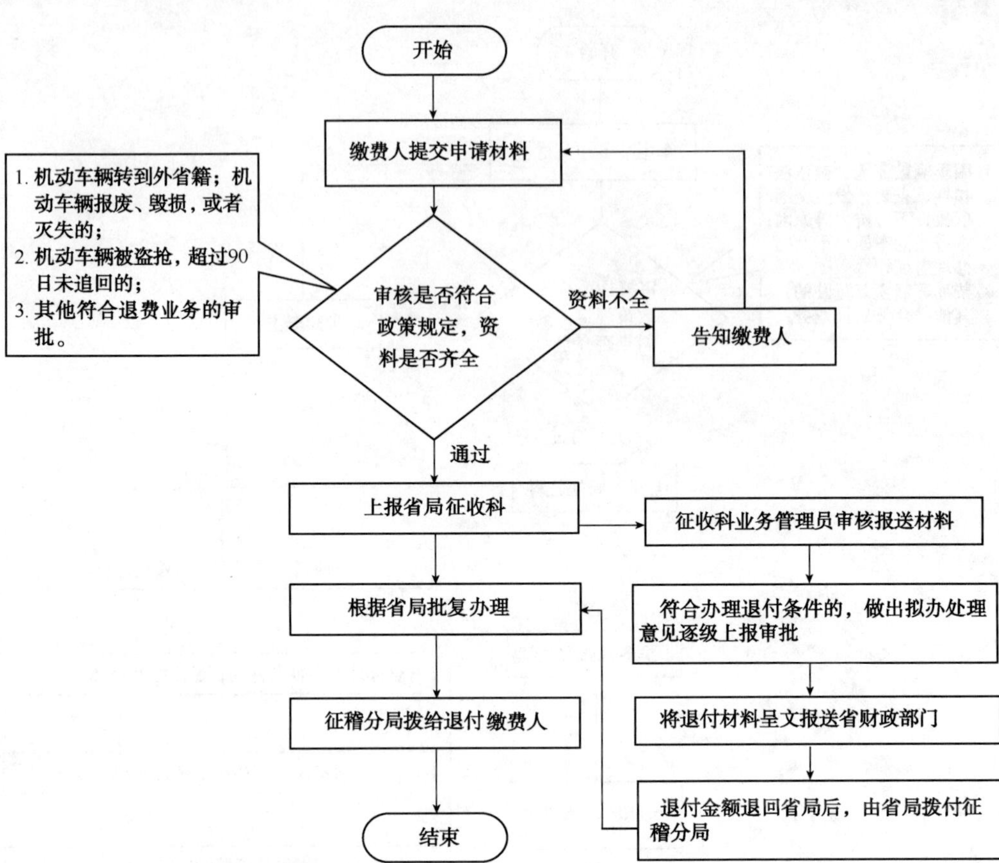

图 2-19　机动车辆办理退付业务流程图

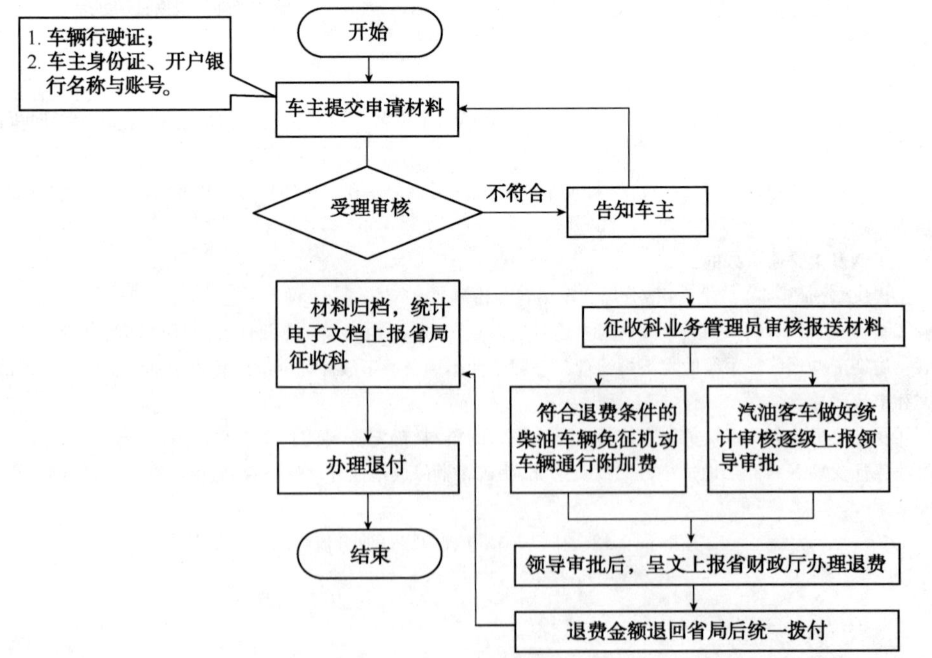

图 2-20　重大节假日小型客车办理退费业务流程图

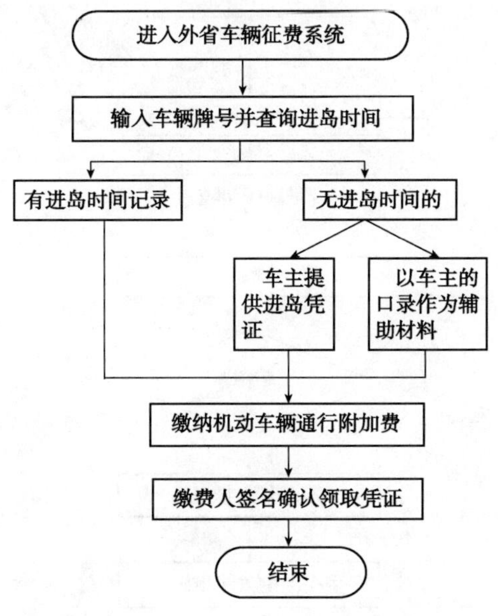

图 2-21　外省车辆岛内办理缴费业务流程图

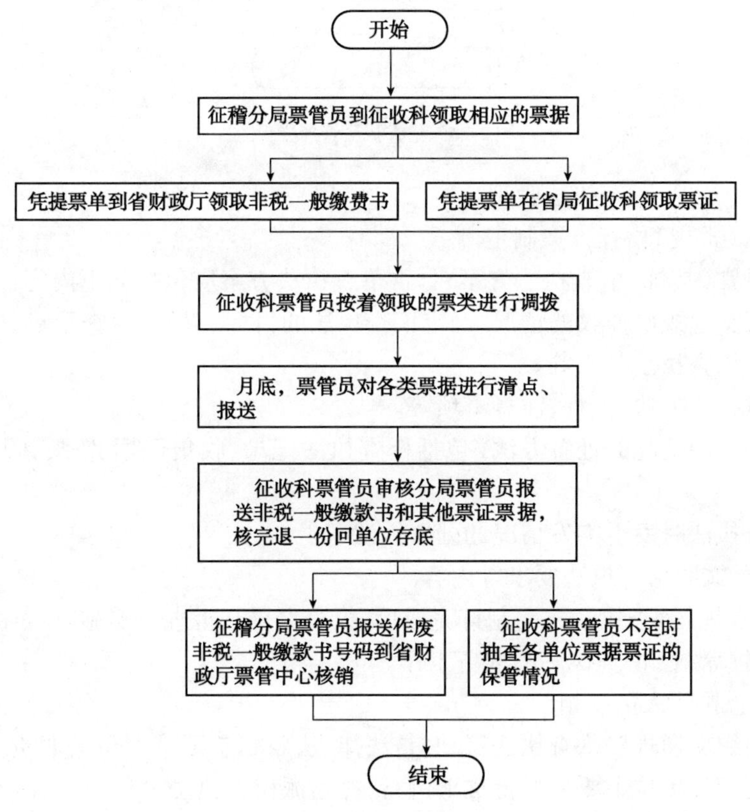

图 2-22　票据管理流程图

(六)稽查业务管理

1. 稽查执法业务管理流程如图 2-23 所示。

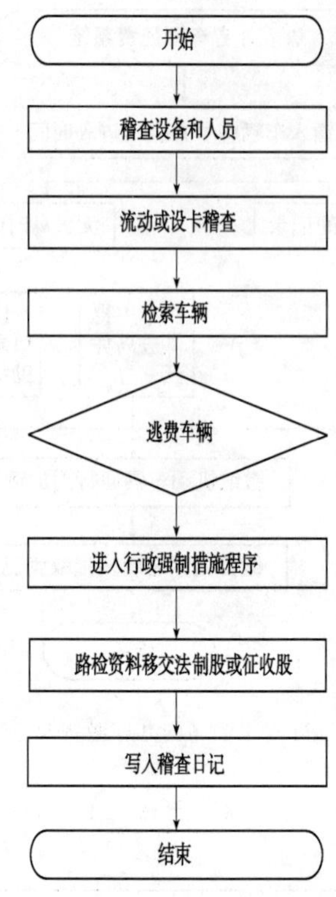

图2-23　稽查执法管理流程图

2. 日常(常规)稽查执法管理。

1)日常(常规)稽查方案制定。

制订日常(常规)稽查执法方案,日常稽查执法方案应包括如下内容:

①根据交通规费征收的情况,确定稽查执法的目标、对象、稽查重点、稽查执法路线位置以及稽查执法时间等。

②稽查执法方法、流程、注意事项等。

③发现违规情况的处置方法(包括稽查执法记录、收集证据、需要采取的执法措施等)。

④稽查执法时发生突发情况的处置方法等。

⑤依法、文明稽查执法要求等内容。

日常(常规)稽查执法方案制订完成后,报分局局长批准后实施。

2)日常(常规)稽查执法的准备工作。

(1)稽查执法人员的组织。

依法组织交通规费稽查执法行动,是法律、法规赋予征稽人员的职责。每次的稽查执法行动须经单位主要领导批准下进行,并指派稽查执法组长和持有《交通行政执法证》的征稽执法人员(稽查执法组至少要有2名以上持证的稽查人员)组成稽查执法组,行使稽查执法职责。根据稽查执法需要,还可配备相关人员参加稽查工作。

(2)稽查执法装备和人员的准备。

①稽查车辆安全性能检查,做好日常维修和保养工作,防止带病运行,以保证稽查执法的顺利进行。

②稽查装备的准备:稽查对讲机、稽查电脑、头盔、反光背心、拦车牌、路锥、照相机、执法监督仪、记录取证器材装备等的调试(装备功能调试),并确认装备完好不缺。以确保稽查执法取得实效。

3. 稽查执法人员按规定要求着装整齐,佩带执法证件,携带有关执法文书、《条例》宣传手册等必备证件、文书资料等。

4. 日常(常规)稽查执法。

日常(常规)稽查执法是在检查通行车辆时的稽查执法管理。

(1)在路面执行稽查任务时,不能妨碍正常交通秩序。执法车需选择与处置地点同方向的安全地点停放,并开启警灯。

(2)稽查执法人员指挥停车可用徒手指挥和使用停车示意牌(灯)两种方法。如在夜间指挥停车稽查时则一律使用停车示意灯,稽查人员必须穿着反光背心。

稽查人员指挥停车时,应面站在道路中线的左端面向来车,在距执勤点至少200米处,设置摆放发光或者反光的警告标志、警示灯等,并间隔设置减速提示标牌、反光锥筒等安全防护设备。在来车相距执勤点150米处,须连续发出停车检查讯号,指挥车辆到达指定的停靠位置。

(3)受检查车辆在指定的停靠位置停稳后,稽查人员上前检查。检查的全过程必须按照文明规范检查的要求进行。

(4)检查程序为;先向驾驶员敬礼——请其出示证件——明确表达检查项目——逐一检查——检查完毕。

(5)在检查车辆时,未发现欠缴通行附加费情况的,应即交还有关证件,立即放行,并同时做好检查登记。

(6)在检查车辆时,发现有欠缴通行附加费行为的车辆,按下列规定程序处理:

①提取相关证据(证据包括视听材料、现场笔录等)。

②对欠缴通行附加费行为的车辆进行暂扣,并开具《行政强制措施通知书》和《暂扣物品决定书》,双方确认暂扣物品并签名。

③将暂扣车辆安全停放到附近的停车场,待该车辆缴费处理后,车主凭放行单到停车场领取暂扣车辆。

④机动车驾驶人拒绝停车检查的,稽查人员不得站在车辆前面强行拦截,或者攀扒疑似冲卡车辆。被检查车辆蓄意冲卡后,稽查人员不能驾驶稽查车追缉,应采取通知下一执法单位进行堵截,同时记下车牌号、拍照等进行取证,事后追究等方法进行处理。

(7)日常(常规)稽查执法行动,要详细做好稽查执法记录,并撰写稽查执法日志,以备稽查执法总结研究之用。

(8)稽查业务工作移交。内容包括:稽查收集的案件证据材料(包括影像、录音证据材料)、查扣物移交,统一使用《稽查业务移交表》交接人签字移交形式交接,法制股或征收股收到稽查移交材料等即进入行政处罚程序。

(七)通行附加费统缴工作管理

规费统缴的服务工作应有如下内容:

(1)缴费大厅的安全设施设置合理(包括缴费通道的合理设置、防火设施设置、安全疏散通道设置并有示图等)。

(2)服务工作应包括服务大厅的区域设置:缴费排号、等候区、缴费区、停车区的示图及停车指挥等。

(3)落实其他服务工作(有条件的可设客服引导员、饮水机等)。

为使规费统缴更加人性化,每年规费统缴工作开展前应结合规费统缴宣传工作,制发统缴业务办理指南作统缴的工作指引。

注:党支部、工会、人事、法制部门岗位职责另行制发。

三 港口征稽业务管理

(一)港口分局征稽业务事项一览表(表2-4)

港口分局征稽业务事项一览表　　　　表2-4

序号	业务事项名称	主要内容	责任岗位	备注
1	汽油批发企业(油库)的业务管理	1.负责海口地区、澄迈马村各汽油批发企业,属征稽工作范围内的业务管理及监督工作; 2.协助、指导各汽油批发企业所在属地征稽分局属征稽工作范围内的业务管理工作	油库计量员、副股长、征收股股长、分管领导	
2	柴油机动车辆信息采集	负责采集柴油机动车辆的信息(运载货物、吨位、时间以及车属类型)	秀英港信息采集站、秀英港征稽一站、秀英港征稽二站、南港征稽站	
3	征收柴油机动车辆通行附加费	征收柴油机动车辆通行附加费	征收股、信息采集站、秀英港征稽站、南港征稽站	
4	办理进出岛柴油机动车辆停启征业务	负责办理进出岛柴油机动车辆的停启征费业务	征收股、信息采集站、秀英港征稽站、南港征稽站	
5	进出岛柴油机动车辆绿色通道减免	负责办理进出岛柴油机动车辆绿色通道减免的业务	信息采集站、秀英港征稽站、南港征稽站	
6	车辆综合业务	柴油机动车辆的相关综合业务(车辆入户、转籍、报废、停启征等业务)	征收股、信息采集站、秀英港征稽、南港征稽站	
7	免征通行附加费业务	1.重大节假日通行附加费的减免; 2.特殊车辆(军警、抢险救灾车,相关政策规定)免征通行附加费	信息采集站、秀英港征稽站、南港征稽站	

续上表

序号	业务事项名称	主要内容	责任岗位	备　注
8	稽查业务	追缴、查扣逃(漏)费柴油机动车辆	稽查股、征收股、信息采集站、秀英港征稽站、南港征稽站	
9	规费征收业务	完成省局下达年度规费征收任务	征收股、各征稽站、分局领导	

(二)港口分局征稽岗位管理网络图(图 2-24)

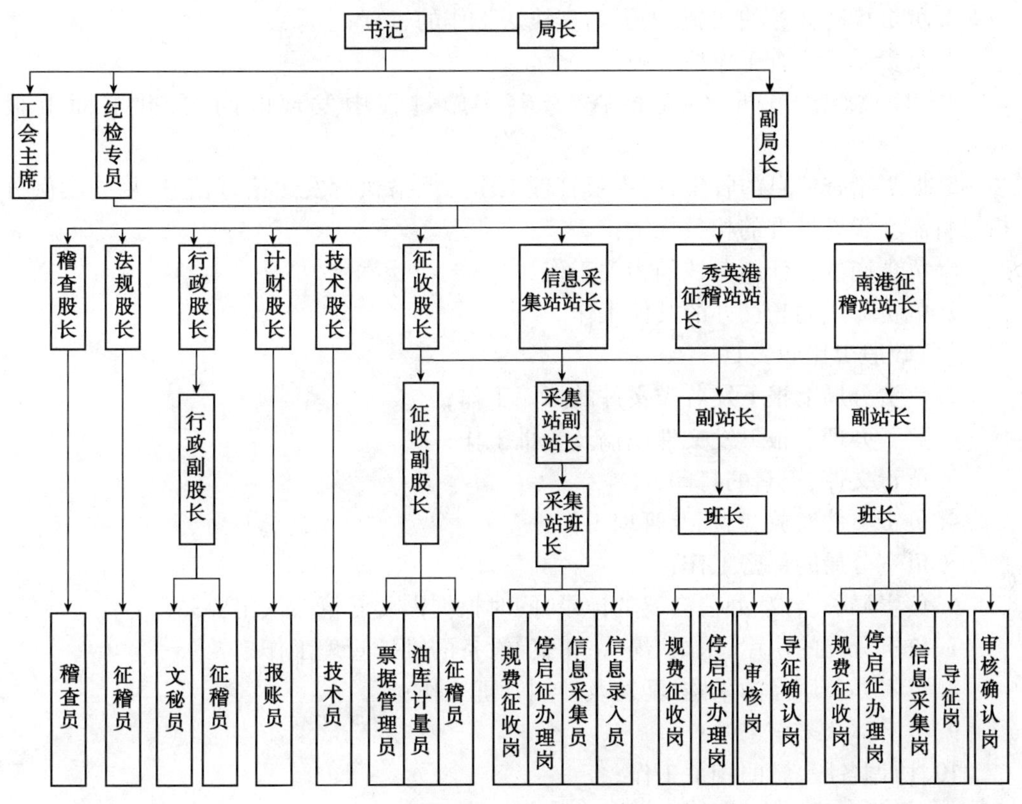

图 2-24　港口分局征稽岗位管理网络图

(三)征稽岗位职责

【征收股工作职责】

1. 负责分局机动车辆通行附加费的征收管理工作;

2. 负责全省燃油批发企业汽油的申报、入库、核销等管理,检验通行附加费的征收情况;

3. 负责外省籍柴油机动车辆长驻本省行驶缴纳通行附加费的入户审核、登记、档案归档,指导各征稽站做好柴油机动车辆通行附加费的征收、预缴、退费结算、进出岛停启征等工作;

4. 负责石脑油、溶剂油、化工轻油等含汽油成分的石油产品进出岛的申报、运输、核销；

5. 负责交通规费统计报表的汇总、上报工作；

6. 协同计财股做好规费票据、票证的核销、保管工作；

7. 根据相关规定（文件）作出相应的行政处罚；

8. 负责行政复议、诉讼、申请法院强制执行等工作；

9. 完成领导交办的其他工作。

【稽查股工作职责】

1. 负责稽查、督察各征稽站日常征稽业务工作，检查各征稽站进出岛车辆的缴费情况；

2. 负责稽查任务的实施，加强稽查执法工作的管理；

3. 负责受托协查工作的实施；

4. 归纳总结、分析、纠正稽查、督察实施过程中发现的问题，并书面上报局长；

5. 加强稽查信息的收集、应用及管理工作。严格执行发送稽查信息、稽查案例分析材料需经领导批准的相关规定；

6. 负责岗位责任制考核的相关工作；

7. 负责完成局长交办的其他工作。

【行政股工作职责】

1. 负责分局上报下发各类文件的拟稿工作；

2. 负责办理上报下发文件核稿及签批工作；

3. 负责文件、资料的打印；

4. 负责文件发放、归档及管理工作；

5. 负责分局的保密工作；

6. 负责局长会议、办公会议的记录，同时根据需要起草会议纪要；

7. 负责分局的房屋、水电、煤气、车辆、设备的维护管理工作；

8. 负责办公用品的采购、配发及使用管理工作；

9. 负责群众来信来访；

10. 协调各股、站的相关工作；

11. 完成领导交办的其他工作。

【计财股工作职责】

1. 贯彻执行《会计法》和国家有关法律法规，认真履行会计的核算和监督职能、维护财务纪律；

2. 依照《会计基础工作规范》要求办理会计核算工作，加强会计核算和财务管理工作，遵守财经纪律、廉洁自律；

3. 贯彻执行省局、财务厅统一制定的交通征费稽查部门会计制度，抓好财务业务基础建设；

4. 认真审核分局各项开支情况，保证开支的合法性、合理性和有效性；

5. 认真执行上级下达的财务收支预算，加强各项资金的使用监督；

6. 负责做好交通规费的收缴工作，保证规费征收计划任务的完成；

7. 审查、汇总、上报财务的年、季、月会计报表，做好财务指标分析工作；

8. 依照相关规定加强票据的管理工作，做好票据下发、使用管理、回收核销、统计及上报工作；

9. 会同行政股做好固定资产和流动资产的管理，加强固定资产和流动资产的管理工作，定期进行固定资产清查，确保国有资产的安全和完整；

10. 完成领导交办的其他工作。

【技术股工作职责】

1. 负责全分局电脑系统管理、维护和保养工作；

2. 负责全分局车辆通行附加费缴费、停启征、鲜活减免等数据的统计与分析；

3. 负责管理与更新征费系统及油库系统；

4. 完成领导交办的其他工作。

【局长岗位职责】

1. 在省局班子领导下，主持分局全面工作。认真负责地开展分局的征稽业务管理工作，严格、忠实履行分局局长岗位职责；

2. 积极宣传、贯彻国家有关交通规费征收的法律、法规，严格执行《海南省经济特区机动车辆通行附加费征收管理条例》有关规定，认真负责地做好交通规费征收及管理的工作；

3. 组织制定分局年度工作计划，积极开展征稽业务，努力完成省局下达的规费征收任务以及各项工作任务；

4. 积极贯彻实施省局关于建立征费目标责任量化管理和评价机制的部署，组织制定征稽岗位职责、加强征稽制度、征稽职能建设，大力促进征稽事业的持续健康发展；

5. 制定完善分局各项规章制度，落实征稽工作岗位责任，检查督促各股室、各征稽站履行征稽工作职责；

6. 加强征稽队伍建设，调动积极因素、发挥正能量作用，团结广大干部职工努力做好征稽工作。负责分局内干部职工调配和人事管理工作；

7. 协调做好分局与港务部门、汽油批发企业的关系，营造和谐的征稽环境；

8. 负责财务开支审批，坚持大额开支由班子集体讨论决定原则，管好分局财务工作；

9. 负责文件、报告及报表的签发工作；

10. 积极完成上级交办的其他工作。

【副局长岗位职责】

1. 在省局班子领导下，协助分局局长工作。认真负责地开展征稽业务管理工作，严格、忠实履行分局副局长岗位职责；

2. 积极宣传、贯彻国家有关交通规费征收的法律、法规，严格执行《海南省经济特区机动车辆通行附加费征收管理条例》有关规定，认真负责地做好分管工作；

3. 协助局长组织制定分局年度工作计划，积极开展征稽业务，为完成规费征收任务和各项任务作出贡献；

4. 积极贯彻实施省局关于建立征费目标责任量化管理和评价机制的部署，落实征稽岗位职责、征稽制度，大力促进征稽事业的持续健康发展；

5. 带头执行分局各项规章制度，检查督促分管股室、征稽站履行征稽工作职责；

6. 加强征稽队伍建设，调动积极因素、发挥正能量作用，团结广大干部职工努力做好征稽工作；

7. 协调做好分局与港务部门、汽油批发企业的关系，营造和谐的征稽环境；

8. 积极完成领导交办的其他工作。

【纪检专员岗位职责】

1. 在省局班子领导下，协助分局局长工作。积极宣传、贯彻国家有关交通规费征收的法律、法规，严格执行《海南省经济特区机动车辆通行附加费征收管理条例》有关规定，认真开展党的纪律检查和征稽监察工作。协助分局局长工作，严格、忠实履行纪检专员岗位职责，做好分管工作；

2. 协助局长开展交通规费稽查业务、依法征稽等法规业务工作，强化征稽站规费征收和征稽业务的监督管理，为建设高效、廉洁的征稽分局作出贡献；

3. 积极贯彻实施省局关于建立征费目标责任量化管理和评价机制的部署，落实征稽岗位职责、征稽制度，大力促进征稽事业的持续健康发展；

4. 带头执行征稽法规、政策，执行分局各项规章制度，检查督促股室（站）依法征稽，履行征稽工作职责；

5. 加强征稽队伍建设，调动积极因素、发挥正能量作用，团结广大干部职工努力做好征稽工作；

6. 协调做好分局与港务部门、汽油批发企业的关系，营造和谐的征稽环境；

7. 积极完成领导交办的其他工作。

【征收股股长岗位职责】

1. 在分局局长领导下，积极宣传、贯彻国家有关交通规费征收的法律、法规，严格执行《海南省经济特区机动车辆通行附加费征收管理条例》有关规定，认真负责地做好规费征收管理工作；

2. 负责制定规费年度征收计划，组织开展征收业务工作，不断完善征收业务管理规章制度，严格、忠实履行征收股股长岗位职责，主持征收股工作；

3. 负责审核交通规费征收、减（免）征等相关事项，呈送分局长核准后上报省局征收科；

4. 负责全省燃油批发企业汽油的申报、入库、核销等管理，呈送分局长核准后上报省局征收科；

5. 负责外省籍柴油机动车辆长驻本省行驶缴纳通行附加费的入户审核、登记、档案归档工作；

6. 指导各征稽站做好柴油机动车辆通行附加费的征收、预缴、退费结算、进出岛停启征等工作，不定期开展通行附加费征收情况的检验，强化各征稽站规费征收管理工作；

7. 负责石脑油、溶剂油、化工轻油等含汽油组分石油产品进出岛的申报、运输、核销，并按有关规定呈送分局长核准后上报省局征收科；

8. 负责处理征费工作具体业务问题，接待处理征费业务方面的来信来访；

9. 负责规费票证的使用、核销、报表报送等管理工作；

10. 负责行政处罚相关业务工作；

11. 负责规费统缴业务的组织、宣传、协调、安全管理等工作，确保规费统缴工作安全有序进行；

12. 组织征收业务的调查研究、组织召开征收业务会议；做好征收股年度工作总结；

13. 敬岗爱业，尽职尽责，团结带领征收股工作人员努力完成各项工作任务；

14. 积极完成分局领导交办的其他工作。

【征收股副股长岗位职责】

1. 在股室股长领导下，积极宣传贯彻国家有关交通规费征收的法律、法规，严格执行《海南省经济特区机动车辆通行附加费征收管理条例》有关规定，协助股长做好交通规费征收业务管理工作，认真负责地开展征收业务工作，严格、忠实履行征收股副股长岗位职责；

2. 负责处理征费工作中的具体业务问题，接待处理征费业务方面的来信来访；协助股长组织征收业务的调查研究、做好征收业务会议工作；

3. 负责审核交通规费减(免)征、退费以及相关事项，呈送分局长核准后上报省局征收科；

4. 负责审核交通规费征收、减(免)征等相关事项，呈送分局长核准后上报省局征收科；

5. 负责全省燃油批发企业汽油的申报、入库、核销等管理，呈送分局长核准后上报省局征收科；

6. 负责外省籍柴油机动车辆长驻本省行驶缴纳通行附加费的入户审核、登记、档案归档工作；

7. 指导各征稽站做好柴油机动车辆通行附加费的征收、预缴、退费结算、进出岛停启征工作，不定期开展通行附加费征收情况的检验，强化各征稽站规费征收管理工作；

8. 负责石脑油、溶剂油、化工轻油等含汽油组分石油产品进出岛的申报、运输、核销，呈送分局长核准后上报省局征收科；

9. 负责规费票证的使用、核销、报表报送等管理工作；

10. 负责行政处罚相关业务工作；

11. 敬岗爱业，尽职尽责，团结带领征收股工作人员努力完成各项工作任务；

12. 积极完成分局领导交办的其他工作。

【验车管理员岗位职责】

1. 在股室股长、副股长的领导下，认真负责地开展征收业务工作，严格、忠实履行交通规费征收业务验车管理员岗位职责；

2. 熟悉和掌握交通规费征收政策法规和交通规费征收标准规定，并持证上岗；熟悉验车工作技能及办理业务流程，负责新车入户或转籍车辆的审验；

3. 验车管理员必须具有良好的沟通能力和协调能力。在业务办理过程中要细致、耐心、热情服务；

4. 熟练使用办公自动化设备，努力提高工作效率；

5. 负责本辖区车辆档案的建立、分类、整理、保管、鉴定、统计、使用(应用)管理等工作；

6. 做爱岗敬业、吃苦耐劳、诚实廉洁的征稽人。

【档案录入管理员岗位职责】

1. 在股室股长、副股长的领导下,认真负责地开展征收业务工作,严格、忠实履行交通规费征收业务档案录入管理员岗位职责;

2. 熟悉和掌握交通规费征收政策法规和交通规费征收标准规定,并能熟练运用;

3. 采集录入机动车辆信息并归类整理建档。认真、细致地审核把关,准确核定车辆计征吨位、起征时间,确保信息录入完整无误,以建立征稽基础数据库的标准做好该项工作;

4. 熟练使用办公自动化设备,努力提高工作效率;

5. 做爱岗敬业、吃苦耐劳、诚实廉洁的征稽人。

【打票员岗位职责】

1. 在股室股长、副股长的领导下,认真负责地开展征收业务工作,严格、忠实履行交通规费征收业务打票员岗位职责;

2. 在办理业务过程中要态度和蔼、热情服务,耐心向缴费当事人宣传和解释相关政策规定。严格按刷卡收费规定办理缴费业务;

3. 熟悉和掌握交通规费征收政策法规和交通规费征收标准规定,并能熟练运用;

4. 熟练使用办公自动化设备,努力提高工作效率;

5. 妥善处理收费过程中与缴费当事人的矛盾和纠纷;

6. 做爱岗敬业、吃苦耐劳、诚实廉洁的征稽人。

【停启征管理员岗位职责】

1. 在股室股长、副股长的领导下,认真负责地开展征收业务工作,严格、忠实履行交通规费征收业务停启征管理员岗位职责;

2. 熟悉和掌握交通规费征收政策法规和停启征业务的相关规定及操作流程;

3. 在办理业务过程中要态度和蔼、热情服务,耐心向办事人员宣传和解释相关的政策规定;

4. 熟练使用办公自动化设备,努力提高工作效率;

5. 认真细致地做好报停车辆的档案录入、整理、归档、清洁和保管等工作,以保证车辆档案准确无误;

6. 做爱岗敬业、吃苦耐劳、诚实廉洁的征稽人。

【稽查股股长岗位职责】

1. 在分局局长和纪检专员领导下,认真负责地开展规费稽查业务工作,严格、忠实履行分局交通规费稽查股股长岗位职责;

2. 负责制订稽查(督察)股年度工作计划,年度工作总结撰写工作;

3. 组织制订稽查(督察)执法行动方案,稽查(督察)执法应急预案,报送分局领导批准,组织实施稽查(督察)执法行动,科学处理稽查(督察)执法行动中发生的紧急事故(事件);

4. 负责在稽查执法任务完成后,向相关股全面移交稽查执法材料、证据、查扣物等,协助相关股做好行政处罚工作;

5. 撰写稽查(督察)报告和稽查(督察)日志,编制稽查报表,经分局局长审核后上报省局稽查科;

6. 做好稽查装备的维修保养工作，确保稽查装备使用之需；

7. 按有关规定，定期组织开展稽查业务培训和学习，努力提升稽查执法队伍的稽查执法能力；

8. 积极完成分局领导交办的其他工作。

【稽查员岗位职责】

1. 熟悉和掌握交通规费征收政策法规和交通规费征收标准，在征稽分局股室股长的领导下，认真负责地开展征收业务工作，严格、忠实履行交通规费征收业务稽查员岗位职责；

2. 按照交通规费征稽法规规定，制订日常（常规）稽查（督察）执法方案、稽查（督察）执法应急预案；

3. 熟悉和掌握稽查装备性能、使用和保养方法，组织辖区内日常稽查执法行动；

4. 积极参加省局组织的联合专项稽查执法行动，并认真配合做好相关工作；

5. 按相关规定认真填写稽查（督察）日志，结合稽查（督察）执法实践，认真总结研究在执法中发现的新情况、新问题，为更有效地开展稽查（督察）执法提供依据；

6. 做爱岗敬业、吃苦耐劳、诚实廉洁的征稽人。

【行政股股长职责】

1. 在分局局长领导下，认真负责地做好分局行政股工作，严格、忠实履行行政股股长岗位职责；

2. 认真负责地做好分局的上传下达和协调股室（站）部门工作。为分局领导班子开展工作做好服务，为分局领导决策做好参谋工作；

3. 落实上级工作部署和分局决定事项，行使督查落实之责；对分局各项规章制度的实施行使检查、监督落实之责，积极推进分局的规范化管理工作；

4. 负责组织分局文稿的起草及核稿工作；

5. 协助局长做好征稽业务等工作总结，负责组织起草年度工作计划、工作总结；

6. 积极协助分局领导做好分局的宣传报道工作；

7. 负责分局会议的会务工作，并做好会议记录，制发会议纪要；

8. 积极完成分局领导交办的其他工作。

【行政股副股长职责】

1. 在股室股长的领导下，协助股长做好行政股工作，严格、忠实履行行政股副股长岗位职责；

2. 认真负责地做好行政股日常工作。为分局各项工作的正常运转做好服务工作；

3. 负责组织分局文稿的起草工作；

4. 协助股长做好年度工作计划，工作总结的起草；

5. 负责分局会议的会务工作；

6. 积极完成分局领导交办的其他工作。

【行政股科员岗位职责】

1. 在股长、副股长领导下，认真负责地做好行政股日常工作，为领导日常工作做好服务，严格履行行政股科员岗位职责；

2. 严格贯彻执行分局各项规章制度，检查、监督执行落实情况，总结执行落实经验，为分局领导施政提供支持；

3. 负责会议会务工作和局长办公会议的会务工作；

4. 负责分局文件、档案的管理工作；

5. 协助财务部门做好分局的资产管理工作。建立低值易耗品（办公用品）等物品的购买、验收、保管和配发使用登记工作，并定期检查使用情况；

6. 负责做好分局电话、传真机和复印机等办公设备的使用及管理；

7. 负责分局车辆的管理及调度，定期检查车辆使用情况，建立车辆档案，加强车辆维修、保养管理及司机的安全教育工作；

8. 负责分局的接待工作；

9. 负责分局的信访工作；

10. 负责办理分局的收费许可证、组织机构代码证、税务登记证的换发、年检等工作；

11. 积极完成分局领导交办的其他工作事项。

【计财股股长岗位职责】

1. 在分局局长领导下，贯彻执行《会计法》和财务管理规定，认真履行会计的核算和监督职能；

2. 贯彻执行省征稽局、省财政厅统一制定的交通征费稽查部门会计制度，搞好业务基础建设；加强会计核算和财务管理工作，遵守财经纪律和廉洁自律规定；

3. 认真贯彻执行《海南经济特区机动车辆通行附加费征收管理条例》、《海南省非税收入管理办法》的规定，做好规费征收票证票据的使用、核销等管理工作；

4. 依照《会计基础工作规范》的要求做好会计核算工作，认真审核财务的各项开支情况，保证各项开支的合法性、合理性和有效性；

5. 认真执行上级下达的财务收支预算计划，加强各项资金使用情况的监督，保证分局财务计划的正确执行；

6. 负责审查年、季、月会计报表，做好财务报表汇总、上报、财务指标分析工作；

7. 加强固定资产和流动资产的管理工作。会同相关部门做好固定资产和流动资产的管理，定期进行固定资产清查，确保国有资产的安全和完整；

8. 积极完成领导交办的其他工作。

【计财股科员（含票证管理员）岗位职责】

1. 在股长领导下，认真履行财务股科员职责；协助股长编制分局年度预算方案；

2. 负责做好分局年、季、月会计报表，协助股长做好财务报表汇总、上报工作；

3. 认真执行上级下达的财务收支预算计划，加强各项资金使用情况的监督，保证分局财务收支计划的正确执行；

4. 根据税务部门规定，负责计算和代扣个人所得税，并及时缴纳；负责办理日常各项支出的报销业务；

5. 负责保管、使用分局的定额备用金和向核算站领取的转账支票、专用报销凭证、应缴财政专户的收入和往来等各种票据，并合理使用各种专用票据；

6. 负责做好分局固定资产清查、管理工作；

7. 积极完成领导交办的其他工作。

【技术股长职责】

1. 在分局局长领导下,认真负责地做好分局技术股工作,严格、忠实履行技术股股长岗位职责;

2. 负责受理报障,安排、督促和协助技术人员维护设备;

3. 联系有关公司做好相应设备的运行和维护工作;

4. 上报上级部门技术问题与整改计划;

5. 完成领导交办的其他工作。

【征稽站站长岗位职责】(包括:采集站,秀英港征稽站,南港征稽站)

1. 在分局局长、副局长领导下,积极贯彻执行国家和本省有关交通规费征收的法律法规、规章和规定,严格履行站长岗位职责,负责站内日常事务,主持征稽站工作;

2. 执行分局各项规章制度,规范、有序、高效地开展征稽业务,强化征稽站规费征收和征稽业务办理工作的管理,为建设高效、廉洁的征稽站作出贡献;

3. 熟悉各项征稽业务的操作规程,加强检查、督促各征稽岗位工作,合理配置人力、物力,积极开展规费征收和管理工作。对站内设备设施定期进行检查及维护,保证其正常运行;

4. 负责征稽站所有票据、票证的领取、发放,并负责票证票据的检查、保管和核销工作;

5. 负责职工思想教育工作,组织员工开展创先争优活动,保持良好的站风、站容、站貌,不断提高征稽业务水平和服务质量;

6. 负责落实员工消防安全工作责任,对消防安全负全责;

7. 做好员工的年度考核考评工作,落实奖惩机制;

8. 积极完成分局领导交办的其他工作事项。

【征稽站副站长岗位职责】(包括:采集站,秀英港征稽站,南港征稽站)

1. 在分局局长、副局长、站长的领导下,积极贯彻执行国家和本省有关交通规费征收的法律法规、规章和规定,严格履行副站长岗位职责,负责征稽站日常工作;

2. 执行分局各项规章制度,规范、有序、高效地开展征稽业务,强化征稽站规费征收和征稽业务办理工作的管理,为建设高效、廉洁的征稽站作出贡献;

3. 在站长领导下开展征稽业务。协助站长做好征稽站的管理和监督工作。负责做好当班期间一切日常工作;

4. 熟悉征稽站各项业务流程和操作规程,加强站内的管理、检查、督促工作,确保征稽服务及质量水平都在良好状态;

5. 熟悉和掌握交通规费征收政策法规和交通规费征收标准;

6. 负责员工的思想教育工作,发现问题及时纠正,保持良好的站风、站容、站貌和服务质量;

7. 落实消防工作责任,对消防安全工作负责,发生重大事故除及时汇报外,还须采取积极有效的抢救措施;

8. 积极完成分局领导交办的其他工作事项。

【秀英港采集站征稽岗位职责】（含规费征收岗、停启征办理岗、信息采集岗、信息录入岗）

1. 在征稽站站长、副站长的领导下，积极贯彻执行国家和本省有关交通规费征收的法律法规、规章和规定，执行分局各项规章制度，规范、有序、高效地开展征稽业务，强化征稽站规费征收和征稽业务办理工作的管理，严格履行征稽站岗位职责，为建设高效、廉洁的征稽站作出贡献；

2. 负责核定外省籍柴油机动车辆的规费征收和鲜活农产品减免天数、吨位及办理规费的征收业务；

3. 负责办理本省及纳入本省管理的柴油机动车辆的出岛停征业务；

4. 负责办理本省及纳入本省管理的柴油机动车辆的入岛启征业务；

5. 负责采集柴油机动车辆的入岛信息。（含车牌、具体时间、运送货物）；

6. 负责审核、办理柴油机动车辆载运鲜活农产品入岛的减免录入登记手续。

【秀英港征稽站岗位职责】（含规费征收岗、停启征办理岗、班站长授权岗、审核导征岗）

1. 在征稽站站长、副站长的领导下，积极贯彻执行国家和本省有关交通规费征收的法律法规、规章和规定，执行分局各项规章制度，规范、有序、高效地开展征稽业务，强化征稽站规费征收和征稽业务办理工作的管理，严格履行征稽站岗位职责，为建设高效、廉洁的征稽站作出贡献；

2. 负责核定外省籍柴油机动车辆的出岛规费征收和鲜活农产品减免天数、吨位及办理规费的征收业务；

3. 负责办理本省及纳入本省管理的柴油机动车辆的出岛停征业务；

4. 负责采集柴油机动车辆的信息。（含车牌、具体时间、运送货物）；

5. 负责审核、办理柴油机动车辆载运鲜活农产品进（出）岛的减免录入登记手续；

6. 负责对车辆办理业务特殊情况的授权处理，以及站内事务的管理；

7. 负责引导司机办理征稽业务，维持秩序，确认鲜活农产品减免是否合规。

【南港征稽站岗位职责】（含规费征收岗、停启征办理岗、信息采集岗、班站长授权岗）

1. 在征稽站站长、副站长的领导下，积极贯彻执行国家和本省有关交通规费征收的法律法规、规章和规定，执行分局各项规章制度，规范、有序、高效地开展征稽业务，强化征稽站规费征收和征稽业务办理工作的管理，严格履行征稽站岗位职责，为建设高效、廉洁的征稽站作出贡献；

2. 负责核定外省籍柴油机动车辆的规费征收和鲜活农产品减免天数、吨位及办理规费的征收业务；

3. 负责办理本省及纳入本省管理的柴油机动车辆的出岛停征业务；

4. 负责办理本省及纳入本省管理的柴油机动车辆的入岛启征业务；

5. 负责采集柴油机动车辆的信息。（含车牌、具体时间、运送货物）；

6. 负责审核、办理柴油机动车辆载运鲜活农产品进（出）岛的减免录入登记手续；

7. 负责对车辆办理业务特殊情况的授权处理，以及站内事务的管理；

8. 负责引导司机办理征稽业务，维持秩序，确认鲜活农产品减免是否合规。

【油库业务管理岗位职责】（运输汽油船舶的验收和计量岗、油库汽油贮存的计量岗、油品入库的电脑操作岗、油库油品计量监督岗、油库票据的管理岗、油库特殊业务的管理岗、托管油库远程监管岗）

1. 在股长、副股长的带领下，认真负责地开展征收业务工作，严格、忠实履行油库业务管理岗位职责；

2. 熟悉和掌握交通规费征收政策法规和交通规费征收标准，熟悉掌握量油工具的使用方法、计量操作规程、计量计算方法等征稽业务知识，并具备《计量员证》和《消防培训资格证》资格证并持证上岗；

3. 对辖区内的汽油批发企业油品数量进行测量、计算，做好测量数据记录，及时如实填写相关账、表、单工作，并指导各市县汽油批发企业所在属地的征稽分局的征稽管理工作；

4. 根据油库或加油站的进销存记录，通过"计量平衡计算公式"核实油库或油站销售数据，计算误差率，并能分析查找和发现问题；

5. 负责海口地区、澄迈马村各汽油批发企业运输（购进或调拨）汽油船舶的验收、计量和油罐的核验；

6. 负责海口地区、澄迈马村各汽油批发企业汽油贮存的计量和盘查；

7. 负责全省各汽油批发企业汽油购进（调拨）入（出）库的核验及输入油库发油签证控制系统；

8. 负责全省各汽油批发企业油品的进、销、存量的统计工作；

9. 负责发放、回收并核销各汽油批发企业汽油出库的缴讫凭证；

10. 负责海口地区、澄迈马村各汽油批发企业特殊用油（如：校检表用油）、特批汽油（如：部队用油）的监督、管理工作；

11. 定期监督抽查托管油库的业务管理情况；

12. 认真学习消防知识，熟悉加油站内消防器材性能，并能熟练操作消防器材灭火；

13. 做爱岗敬业、吃苦耐劳、诚实廉洁的征稽人。

（四）征稽业务管理

1. 秀英港车辆出岛征费流程图（图 2-25）；
2. 南港车辆出岛征费流程图（图 2-26）；
3. 外省籍车辆进岛信息采集流程图（图 2-27）；
4. 进岛鲜活农产品确认流程图（图 2-28）；
5. 秀英征稽站本省籍车辆出岛停征办理流程图（图 2-29）；
6. 南港本省籍车辆出岛停征办理流程图（图 2-30）；
7. 本省籍柴油机动车辆进岛启征办理流程图（图 2-31）；
8. 重大节假日免征外省柴油车辆通行附加费业务办理流程图（图 2-32）；
9. 特殊车辆免征通行附加费业务办理流程图（图 2-33）。

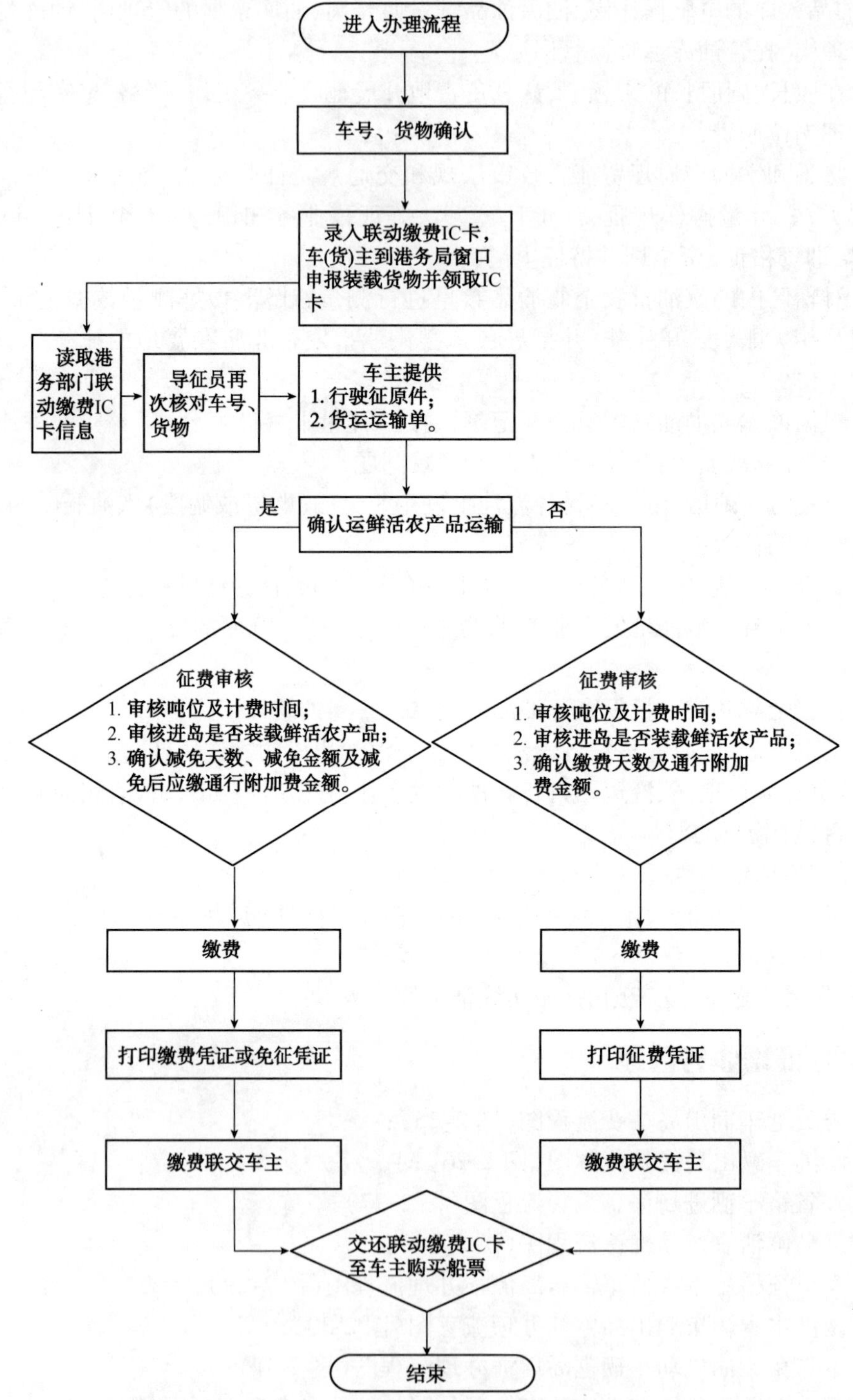

图2-25　秀英港车辆出岛征费流程图

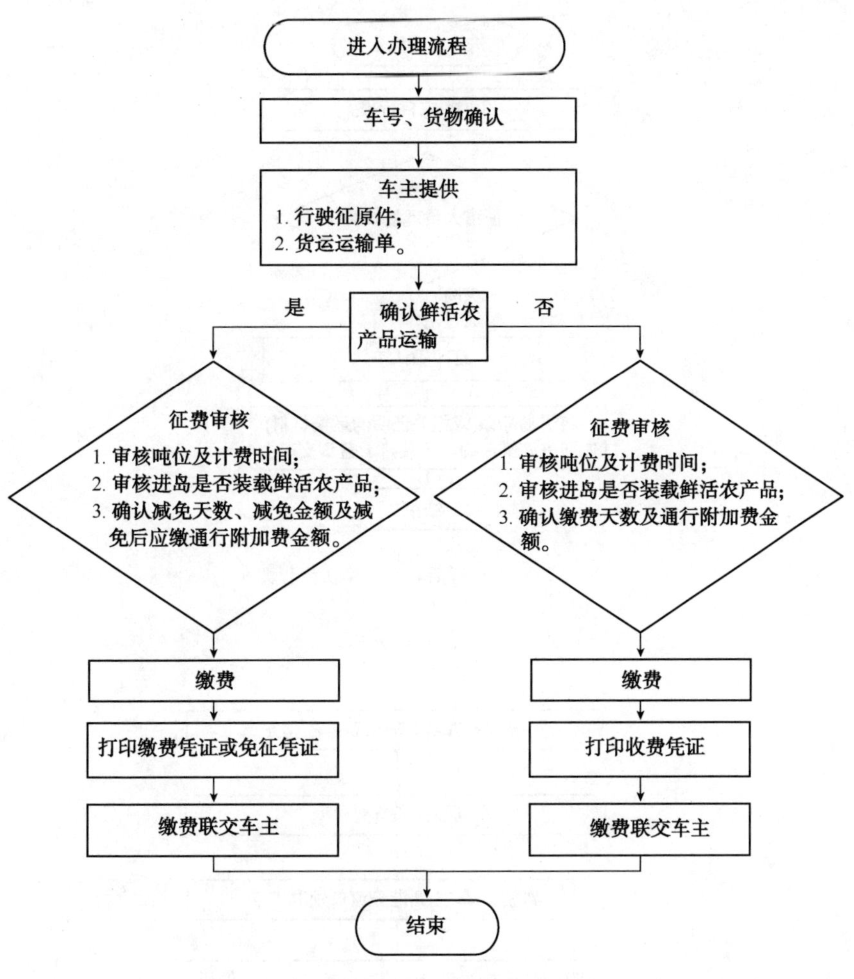

图 2-26 南港车辆出岛征费流程图

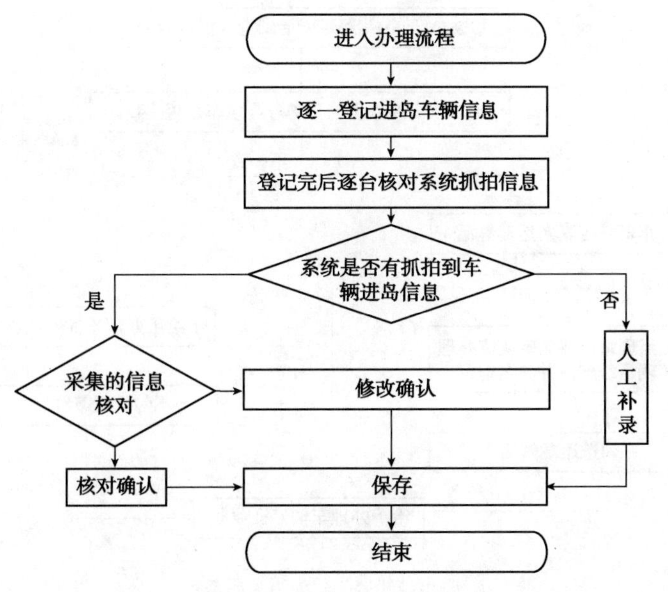

图 2-27 外省籍车辆进岛信息采集流程图

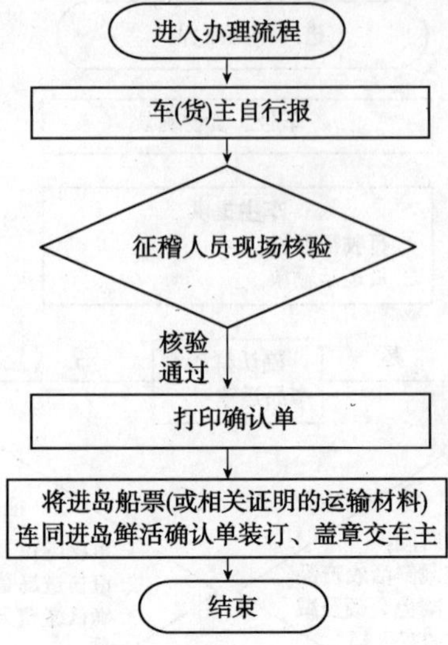

图 2-28　进岛鲜活农产品确认流程图

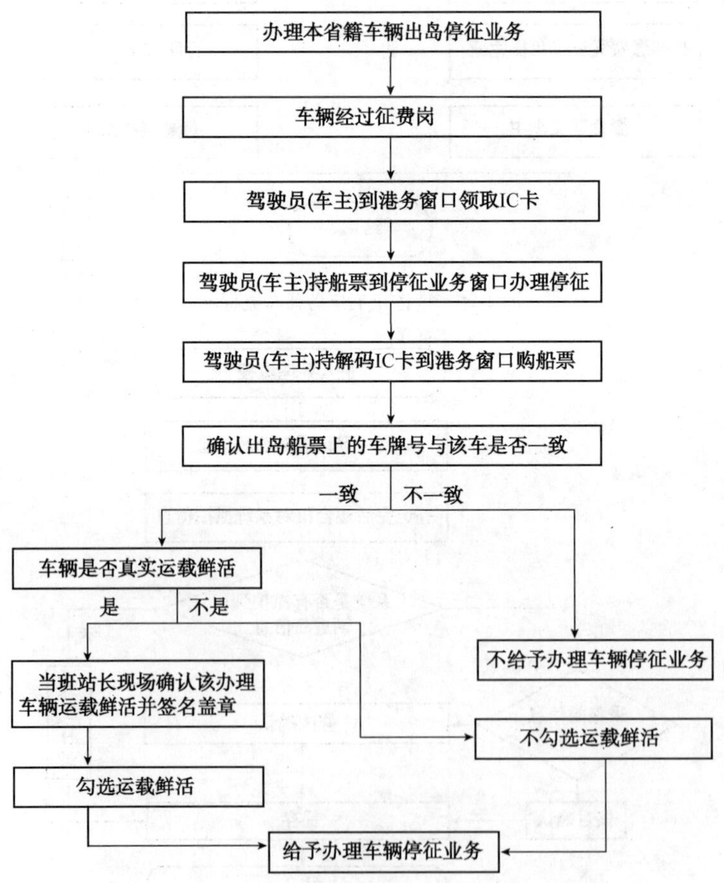

注:出岛船票必须为当天船票。

图 2-29　秀英征稽站本省籍车辆出岛停征办理流程图

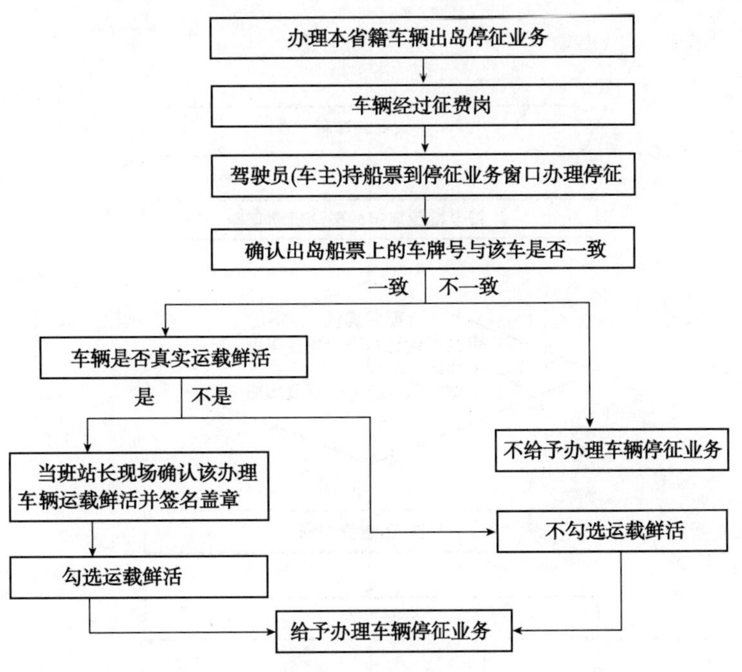

注：出岛船票必须为当天船票。

图 2-30　南港本省籍车辆出岛停征办理流程图

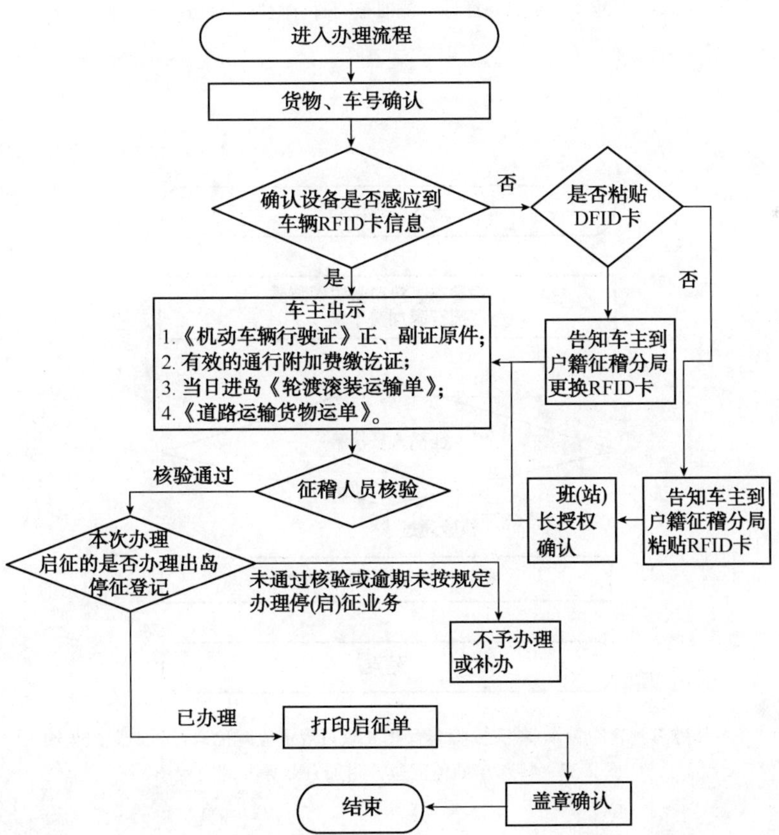

图 2-31　本省籍柴油机动车辆进岛启征办理流程图

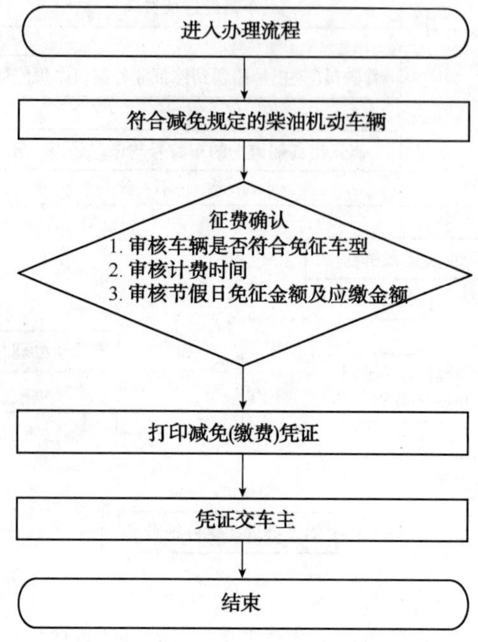

图 2-32　重大节假日免征外省柴油车辆通行附加费业务办理流程图

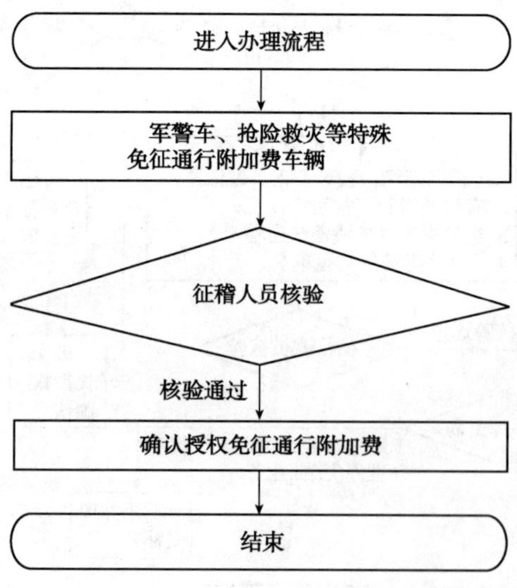

注:特殊车辆含军警车、救灾抢险车及相关政策规定应减免通行附加费的车辆。

图 2-33　特殊车辆免征通行附加费业务办理流程图

第三章 稽查业务管理

《海南经济特区机动车辆通行附加费征收管理条例》第三章第十六条规定征稽机构负责对机动车辆通行附加费的征缴情况实施稽查。本章以省交通规费征稽局稽查科组织稽查局、基层征稽分局开展通行附加费的征缴情况实施稽查为主线，阐述规费征缴情况稽查工作流程及相关工作。

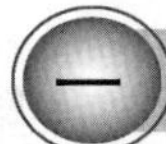

一 稽查科稽查业务管理

(一)稽查科征稽业务事项(表3-1)

稽查科业务事项一览表　　表3-1

序号	业务事项名称	主要内容	责任岗位	备注
1	征稽调查研究、稽查信息、情报收集	征稽政策研究、重点项目重点区域、稽查信息等工作的调查研究和总结;稽查信息、情报收集	科长、副科长 外勤稽查员 文秘信息员	
2	稽查计划、方案的制定	联合稽查、专项稽查的计划、方案制定;日常稽查、海上稽查的管理稽查	科长、副科长 文秘信息员	
3	联合稽查组织指挥	联合稽查的实施	科长、副科长	
4	稽查工作的指导、监督、检查	对基层单位的稽查工作进行指导、监督、检查	科长、副科长	
5	稽查人员培训	协助人事部门定期开展稽查人员业务培训工作	科长	
6	稽查装备的管理	稽查装备的采购、发放、维护等工作	科长	
7	稽查数据的统计	基层单位的稽查报表的汇总、分析工作	科长、稽查月报表分析员	
8	公文的收发管理	稽查相关文件的收发和稽查档案管理工作	文秘信息员	

(二)稽查科岗位管理网络图(图3-1)

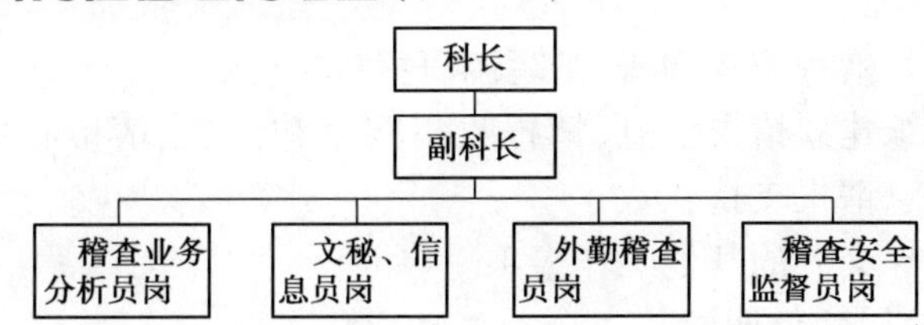

图3-1 稽查科岗位管理网络图

（三）稽查科各岗位职责

【科长岗位职责】

1. 在省局局长领导下，积极宣传、贯彻国家相关的法律、法规，严格执行《海南省经济特区机动车辆通行附加费征收管理条例》有关规定，负责全省征稽系统稽查业务管理及指导工作，严格、忠实履行稽查科科长岗位职责，主持稽查科全面工作；

2. 负责制定稽查业务年度工作计划，对年度稽查工作进行总结，并组织撰写年度工作总结；负责交通规费稽查执法调查研究的组织及实施，为召开全省稽查专题工作会议做好会务工作；

3. 组织制订稽查执法行动方案、稽查执法应急预案，报送省局领导批准实施。负责组织实施联合（专项）稽查执法行动，开展全省范围内的打击偷逃附加费和违规销售汽油行动；按照稽查执法处置突发事件应急预案，科学指挥、正确处置突发、紧急事故（事件）；

4. 按相关规定，联合（专项）稽查执法任务完成后，向相关基层单位全面移交稽查执法材料、证据、查扣物等，督促基层单位做好行政处罚工作；

5. 组织稽查业务调研工作、撰写调研报告；组织建立稽查信息、情报收集网络和信息、情报收集制度，为有效开展稽查工作提供信息情报支持；

6. 组织制定稽查装备配置、更新计划，并做好稽查装备订购、发放和维护管理的监督工作；

7. 组织制定稽查业务培训计划，开展稽查业务培训学习，努力提升稽查执法队伍素质和稽查执法能力；

8. 负责文件、报告及报表的签发工作；

9. 积极完成省局领导交办的其他工作事项。

【副科长岗位职责】

1. 在省局局长领导下，积极宣传、贯彻国家相关的法律、法规，严格执行《海南省经济特区机动车辆通行附加费征收管理条例》有关规定，协助科长做好全省征稽系统稽查业务管理及指导工作，严格、忠实履行稽查科副科长岗位职责；

2. 协助科长组织制定稽查科年度工作计划，积极开展稽查业务，努力完成省局下达的稽查任务以及各项工作任务；

3. 协助科长做好制订稽查执法行动方案，稽查执法应急预案工作。实施稽查执法行动方案，按照稽查执法处置突发事件应急预案，科学处置突发、紧急事故（事件）；

4. 负责做好联合（专项）稽查执法任务完成后，向相关基层单位全面移交稽查执法材料、证据、查扣物等的具体工作，督促基层单位做好行政处罚工作；

5. 负责做好联合（专项）执法行动的稽查日志，稽查工作情况、数据的收集分析，审核稽查报表等工作；

6. 协助科长做好稽查业务调研、撰写调研报告工作；

7. 协助科长组织建立稽查信息、情报收集网络和信息、情报收集制度，为有效开展稽查工作提供信息情报支持；

8. 积极完成领导交办的其他工作事项。

【稽查业务分析员岗位职责】

1. 在科长、副科长领导下，严格履行稽查分析员岗位职责，努力做好稽查业务分

析工作,为科长做好稽查业务决策提供科学依据;

2. 每月负责做好基层单位报送报表的统计及稽查科的稽查月报表,并做好归类整理分析工作及季度、半年、全年稽查数据、情况的汇总工作;

3. 负责做好全省稽查数据、情况分析报告;

4. 负责做好联合(专项)稽查数据统计,并制作统计表,返还分配表、优秀队员奖励表以及呈批件等相关工作;

5. 积极完成领导交办的其他工作事项。

【文秘、信息员岗位职责】

1. 在科长、副科长领导下,严格履行稽查科文秘、信息员岗位职责,努力做好文秘、信息工作,为科长做好稽查业务决策提供服务;

2. 负责稽查科文稿的起草、核稿及稽查文件的收发,起草稽查科工作总结;

3. 负责稽查科会议记录、编制会议纪要;

4. 负责稽查科的报道工作;

5. 积极完成领导交办的其他工作事项。

【外勤稽查员岗位职责】

1. 在科长、副科长领导下,严格履行稽查科外勤稽查员岗位职责,努力做好稽查科稽查调研活动的相关工作(如调研工作安排、跟踪调查目标对象、反馈稽查信息情报等);

2. 指导基层稽查人员正确执行稽查工作流程,履行稽查执法职责,开展稽查工作;

3. 负责协助科长处理联合稽查、专项稽查现场突发事件;

4. 负责稽查信息员的联系、管理及发展工作;

5. 积极完成领导交办的其他工作事项。

【稽查安全监督员岗位职责】

1. 在科长、副科长领导下,严格履行稽查科安全监督员岗位职责,努力做好稽查安全监督工作;

2. 负责检验稽查装备的性能、功能、配备等相关情况,稽查车辆运行状况,以保证稽查工作顺利进行;

3. 严格执行省局关于交通征稽执法管理规定,负责稽查人员的安全意识教育,稽查执法的操作规范化培训工作;

4. 负责联合稽查、专项稽查执法的群众解释工作,避免治安事件的发生,按照稽查执法处置突发事件应急预案,正确处置突发事件;

5. 积极完成领导交办的其他工作事项。

(四)联合(专项)稽查执法管理

1. 联合(专项)稽查的准备工作

1)制订联合(专项)稽查执法方案,内容包括:

(1)根据稽查执法相关情况需要,确定联合(专项)稽查执法的目标对象、区域,稽查执法解决的问题和预期目标效果,并根据稽查执法的相关情况,研究确定稽查重点、稽查路线,稽查执法时间等问题,联合(专项)稽查行动应充分发挥稽查局的稽查执法职能作用,发挥他们的稽查执法技能和特点特长。

(2)确定联合(专项)稽查执法人员、设备车辆的抽调、稽查队伍的组建、分组分工等稽查执法的组织方案等；

(3)稽查装备的准备:联合(专项)稽查执法是以全省或多个市县(片区)组织抽调力量定时集中的行动,稽查装备必须以稽查小组做好准备,对稽查装备(稽查对讲机、稽查电脑、头盔、反光背心、拦车牌、路锥、照相机、执法监督仪、记录取证器材装备等)进行调试(装备功能调试、测试),并确认装备完好不缺,以确保稽查执法取得实效。

(4)稽查执法方法、流程、注意事项等。

(5)发现违规情况的处置方法(包括稽查执法记录、收集证据、需要采取的行政执法措施等)。

(6)依法、文明稽查执法要求等内容(包括稽查人员着装、持证上岗执法等要求)。

(7)联合专项稽查执法行动的保密要求。

(8)制订联合专项稽查执法的应急预案,为成功有效处置稽查执法时发生的突发情况作好充分准备。应急预案应有如下内容:

①在稽查执法中突遇天气发生变化、道路交通状况有变时的处置办法；

②在稽查执法中突遇可疑车辆逃避检查,拒绝检查,可疑车辆采取过激行为或开车冲卡逃跑等情况的处置办法；

③在稽查过程中出现车主、驾驶员强烈阻挠稽查人员开展取证、扣车等正常执法工作的行为的处置办法；

④在稽查执法中突遇车主集体围困稽查人员和稽查车辆,甚至发生群体性事件时的处置办法；

⑤在稽查执法中需要相关部门协助、增派稽查力量等特别情况的处置办法。

2)联合专项稽查执法方案制订完成后,按照相关规定必须向省局报告,并正式办理呈批手续,报省局批准后执行。

2. 联合(专项)稽查执法

联合(专项)稽查执法管理流程如图 3-2 所示。

1)联合(专项)稽查执法行动的动员部署工作

联合专项稽查执法开始前须召开执法行动的动员会,宣布执法任务和执法队伍分组分工,稽查执法行动纪律及相关事项。按照动员会宣布的稽查执法分工,以稽查执法组为单位重新检查核实稽查装备、车辆、稽查人员着装、执法证件等的准备落实情况,并确认后向联合专项稽查执法行动总指挥报告。

2)联合专项稽查执法管理

(1)在路面执行稽查任务时,不能妨碍正常交通秩序。执法车需选择与处置地点同方向的安全地点停放,并开启警灯。

(2)稽查执法人员指挥停车可用徒手指挥和使用停车示意牌(灯)两种方法。但在夜间指挥停车稽查时,一律使用停车示意灯,稽查人员必须加穿着反光背心；

稽查人员指挥停车时,应站在道路中线的左端面向来车,在距执勤点至少 200 米处,设置摆放发光或者反光的警告标志、警示灯等,并间隔设置减速提示标牌、反光锥筒等安全防护设备。在来车相距执勤点 150 米处,须连续发出停车检查讯号,指挥车辆到达指定的停靠位置。

(3)受检查车辆在指定的停靠位置停稳后,稽查人员上前检查。检查的全过程必须按照文明规范检查的要求进行。

检查程序为;先向驾驶员敬礼→向其表明执法身份→逐一检查→检查完毕。

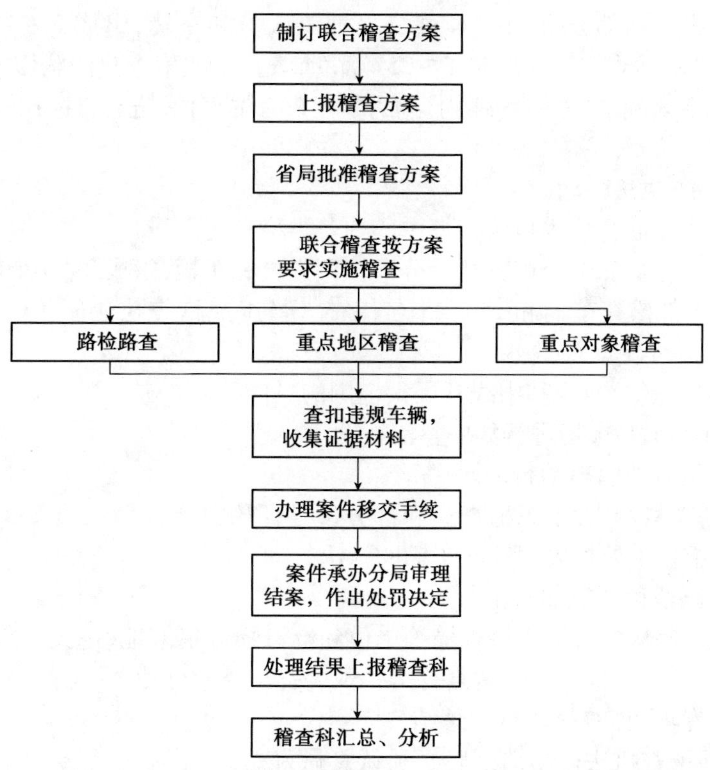

图3-2　联合(专项)稽查执法管理流程图

(4)在检查车辆时,未发现欠缴通行附加费情况的,应即交还有关证件,立即放行,并同时做好检查登记。

(5)在检查车辆时,发现有欠缴通行附加费行为的车辆,按下列程序处理:

①提取相关证据(证据包括视频、照片材料、现场笔录等)。

②对欠缴通行附加费行为的车辆进行暂扣,并开具《行政强制措施通知书》和《暂扣物品决定书》,双方确认暂扣物品并签名。

③将暂扣车辆安全停放到附近的停车场,待该车辆缴费处理后,车主凭放行单到停车场领取暂扣车辆。

④机动车驾驶人拒绝停车检查的,稽查人员不得站在车辆前面强行拦截,或者攀爬疑似冲卡车辆。

被检查车辆蓄意冲卡后,稽查人员不能驾驶稽查车追缉,应采取通知下一执法单位进行堵截,同时记下车牌号、拍照等进行取证,作事后追究等方法进行处理。

⑤在稽查执法中突遇车主集体围困稽查人员和稽查车辆、甚至发生群体性事件时,按照联合专项稽查执法预案办法处置。

(6)联合专项稽查执法过程中,应重点加强稽查信息交换工作,紧密地与稽查局、各市县征稽分局和信息中心的信息沟通,及时获得稽查信息的支持。

(7)联合专项稽查执法行动,必须把每日的稽查工作成果向指挥中心上报和撰写稽查日志,并要详细做好稽查执法记录等,以备稽查执法总结之用。

3.联合(专项)稽查的方法与相应措施

1)专项稽查执法行动

(1)省局成立专项稽查执法指挥中心和若干稽查组。

(2)从稽查局和部分市(县)征稽分局抽调人员和车辆,组成2~3个联合稽查组,每个组由3~5部稽查车辆和15~25名稽查人员组成稽查执法队伍。

(3)对特定区域、特定的场地内运营的施工运输车辆,进行24小时的集中稽查行动。

2)联合稽查执法行动

(1)省局成立联合稽查执法指挥中心和若干稽查组。

(2)从省稽查局和部分市县征稽分局抽调人员和车辆,组成2~3个联合稽查组,每个组由3~5部稽查车辆和15~25名稽查人员组成稽查执法队伍。行动时间20天左右。

(3)分别在东线、西线和中线开展大范围的、针对各类欠。

费车辆和对油品市场进行集中整治行动。

(4)交叉稽查执法整治行动。

以省局稽查科牵头,组织稽查局和部分市县征稽分局征稽人员交叉到其他市县进行稽查,集中打击处理欠费柴油车辆的执法行动。

(5)重点路段稽查执法整治行动。

以省局稽查科牵头,组织稽查局等单位到港口物流集散地、逃欠费重点区域或相对封闭的路段,进行多点、同时稽查打击处理欠费车辆的行动。

4. 联合(专项)稽查执法行动总结

联合专项稽查执法行动结束后必须认真做好总结,总结联合专项稽查执法所取得的成效、经验、不足和教训,为今后的稽查执法行动借鉴。

(五)稽查业务的检查监督

为做好交通规费稽查业务管理工作,必须加强对全省交通征稽系统的稽查工作进行全省性、阶段性或专项性的检查监督。

1. 检查监督主要内容

(1)是否制定稽查执法行动方案和应急预案。

(2)稽查执法行动目标对象是否明确,区域是否准确,重点是否准确。

(3)稽查执法行动的组织工作是否到位,装备、车辆是否处在良好状态,真正发挥作用。

(4)稽查执法队伍的形象情况,制服是否整洁、纪律作风是否优良,稽查执法技能是否训练有素,稽查执法指挥、流程是否规范等。

(5)稽查执法的证据(包括视频、影像证据)采集、执法文书是否书写正确和依规制发。

(6)稽查日志是否正确如实记录,执法总结分析会是否召开。

(7)查扣物是否依法依规履行手续,是否落实保管处置工作。

(8)是否按照规定时间进入行政处罚程序。

(9)稽查执法效果、影响力情况,是否取得稽查执法经验和存在不足。

2. 稽查业务管理工作

(1)日常(常规)稽查执法管理。日常(常规)稽查执法以稽查局、各市(县)征稽分局组织实施,稽查科根据稽查工作需要组织全省性的、阶段性或专项性的稽查执法工作检查,对全省稽查执法工作进行监督管理。

(2)海上稽查执法管理。海上稽查执法是稽查局稽查业务职能的重要体现，海上巡航稽查执法、海上专项稽查执法行动由稽查局根据稽查工作安排组织实施，稽查局应制定海上稽查执法方案、突发事件处置预案，同时，海上稽查执法的海况等复杂因素，必须加强海上巡航稽查执法队伍训练、稽查执法船舶的勤务训练和稽查执法船舶的维护保养工作，以保证稽查执法之需要。

(3)稽查执法的检查监督。为规范我省稽查队伍，保障稽查人员依法征稽，正确履行职责，提高稽查人员素质和水平，参照《海南省交通规费征稽局交通征稽执法管理规定》对基层稽查执法队伍的稽查执法进行检查监督。

(六)稽查信息情报收集与管理

稽查信息、情报主要从我们的调查研究、征稽实时监控、稽查信息等方面取得。加强稽查业务调查研究是做好稽查工作，取得稽查效果的保证。

1. 稽查业务调查研究工作。

在稽查的日常工作中，我们必须深入细致地做好调查研究工作，根据稽查工作的需要，从稽查信息线索中选定调查研究目标、确定调查研究方案，对目标车队、公司、地段、重大项目施工工地等对象进行深入细致科学调查研究工作。调查研究工作可划分为4种方式：

(1)实地调查，调研人员前往目标单位进行会访等工作。

(2)跟踪调查，对目标对象进行跟踪调查，记录目标对象的日常活动情况。

(3)征费情况调查，在征费系统中查询目标对象的车辆征费情况；从征稽实时监控视频中研究分析目标对象车辆及运作情况。

(4)从经济社会发展环境及背景调查：对目标对象逃费情况进行环境背景调查，找出逃费原因、逃费方式和逃费时间，分析逃费情况，逃费额度等。

通过调查研究，针对目标对象逃费情况，提出解决办法及稽查的方案，并形成调研报告，向局领导汇报后作出决策。

调研报告应包括的内容：①调查对象。②调查内容。③调查方式。④调查时间。⑤调查研究结论。⑥解决办法或处理意见。

2. 加强稽查信息(包括信息员信息)、投诉举报信息的研究工作，从其中获得有价值的稽查信息。

3. 加强稽查信息、情报网络建设，做好稽查信息员管理、发展、服务和保密等工作，建立稽查信息、情报收集网络管理制度。

(七)稽查业务数据统计、汇总上报工作

定期收集基层单位稽查数据，汇总统计全省各基层单位稽查情况并做好报表及时上报。同时要认真做好稽查数据、情况分析工作，汇总分析情况要及时向领导汇报。

(八)稽查制度建设

稽查工作保密制度

稽查保密制度是为保护国家征费利益和稽查任务的完成，确保稽查行动信息不

被外泄,保障稽查行动有效执行的一种工作规范守则。稽查保密工作的基本要求是:凡涉及交通规费稽查信息、稽查情报(包括稽查信息员信息)、稽查执法行动安排、稽查执法文件等都是稽查科保密工作的重点,稽查人员应自觉做好交通规费稽查保密工作和稽查信息、情报收集网络管理工作,为稽查执法建设、交通规费征稽事业作出贡献。为了明确的规范干部职工的日常保密工作行为,特制定本制度。

1. 遵守保密规定、保守单位机密,是我们的义务和职责,也是依法履行征稽职责的具体体现,营造人人遵守保密规定、人人都为保密工作做贡献的良好氛围。

2. 保密人员及借用文件档案者,不准与无关人员谈论所阅档案内容。

3. 未经局领导同意,任何人不得擅自在局公文收发系统上将局文件及其他资料进行转载和外传。

4. 在局公文收发系统上传送的电子公文,必须严格执行有关保密法规,禁止传送密级电子公文。

5. 操作员必须遵循统一的操作及技术规范,掌握登陆所需的用户账号、密码,不得泄露于他人,并及时更新密码。要严格控制无关人员对办公信息的询问。

6. 及时清除计算机病毒,发现局域网出现安全漏洞或隐患,应及时报告主管领导。

7. 查阅文件档案只限在指定的范围内,不得翻阅其他文件。

8. 文件档案要及时妥善保管,不得在不利于保密的地方存放。

9. 借阅文件档案者不得擅自将案卷转借他人。

10. 为保证稽查行动的顺利进行,稽查行动信息不得泄露。

11. 保护信息员的安全与利益,不得泄露相关信息和资料。

12. 受理投诉、举报件时,受理人应按规定流程做好相关记录及报告工作,不得向任何人泄露投诉(举报)内容和投诉(举报)人的信息内容。

13. 不执行保密制度造成单位机密泄露者,根据情节轻重,进行警告、扣除绩效处分或者上报上级追究相关责任,造成重大影响、重大损失的则追究其法律责任。

征稽信息情报收集网络管理制度

加强征稽信息、情报工作,建立全省交通规费征稽信息网络,这是加强稽查业务调查研究,做好稽查工作的重大举措和需要。为做好稽查信息、情报收集网络的管理,特制定本制度。

1. 建立全省交通规费征稽信息、情报收集网络,是加强稽查业务调查研究,做好稽查工作的重大举措和需要,全省各征稽机构都要高度重视,建立征稽信息、情报收集网络,并加强领导和管理,充分发挥征稽信息、情报的作用,为开展征稽业务提供信息服务。

2. 在稽查的日常工作中,我们必须深入细致地做好调查研究工作,调查研究工作可划分为4种方式:(1)实地调查,调研人员前往目标单位进行会访等工作。(2)跟踪调查,对目标对象进行跟踪调查,记录目标对象的日常活动情况。(3)征费情况调查,在征费系统中查询,目标对象的车辆征费情况;从征稽实时监控视频中研究分析目标对象车辆及运作情况。(4)从经济社会发展环境及背景调查:对目标对象逃费情况进行环境背景调查,找出逃费原因、逃费方式和逃费时间,分析逃费情况,逃费额度等。

3. 通过调查研究，针对目标对象逃费情况，提出解决办法及稽查的方案，并形成调研报告向省局领导汇报，为稽查工作决策提供依据。调研报告应包括的内容：

(1)调查对象。(2)调查内容。(3)调查方式。(4)调查时间。(5)调查研究结论。(6)解决办法或处理意见。

4. 加强稽查信息、情报网络建设，做好稽查信息员管理、发展、服务和保密等工作。

5. 征稽信息情报收集网络管理的工作人员必须严格遵守保密规定，以高度的政治觉悟和责任心，做好征稽信息情报网络的管理工作。

6. 加强稽查信息情报、信息员、投诉举报信息的研究、应用和管理工作。

(九)稽查装备、设备管理工作

稽查装备、设备是稽查队伍行使稽查职责的助手和工具，我们必须高度重视，加强维护及管理，发挥其独特的作用。

1. 制订稽查装备、设备的管理制度，使稽查装备、设备的管理走向制度化和科学化。

2. 严格执行稽查装备、设备的使用有关规定，加强稽查装备、设备的使用管理。

(十)稽查业务培训工作

进行稽查培训是提高稽查人员素质和队伍的综合素质的最为有效的办法，我们必须做好如下工作。

1. 制订年度培训计划，开展稽查人员综合素质培训工作。

2. 结合稽查工作实际编制培训教材，使稽查培训工作贴近稽查工作实际。

3. 稽查培训工作的重点是加强稽查人员素质及稽查业务素质的培训，通过培训使全省稽查队伍的综合素质有较为明显的提升。

二 稽查局稽查业务管理

(一)稽查局稽查业务(表3-2)

稽查局征稽业务事项一览表　　表3-2

序号	业务事项名称	主要内容	责任岗位	备注
1	日常(常规)稽查	对重点地区、港口码头、加油站、征费难度较大地区进行稽查	稽查管理员 稽查中队长 分管副局长	
2	海上巡航稽查、海上专项稽查执法	实施辖区海域巡航稽查、海上专项稽查执法	稽查管理员 稽查船长、 稽查中队长、 征收股长、 局长、分管副局长	

续上表

序号	业务事项名称	主 要 内 容	责 任 岗 位	备注
3	偷逃规费重大案件查处	对偷逃规费的重大案件的调查、作出行政处罚决定	稽查管理员 稽查中队长 征收股长 局长、分管副局长	
4	执法督察	对全省征稽系统的行政执法进行监督检查	督察管理员 督察队长 局长	
5	稽查队伍征稽业务培训	对稽查队伍进行业务培训，岸上（海上）稽查执法、稽查船勤务、安全执法训练，海上稽查执法演练	行政股长 稽查中队长 分管副局长	
6	稽查信息情报收集、研究及管理	负责投诉举报受理、稽查信息情报收集、研究及管理工作	行政管理员 行政股长 稽查中队长 分管副局长	
7	规费征收	按省局要求做好交通规费征收管理工作	规费征收管理员 征收股长 分管副局长	
8	票据管理	认真做好规费征收票据的使用、审核、保管和核销的管理工作	规费征收管理员 征收股长	
9	文秘、档案管理	1. 起草稽查局上报和下发文件 2. 拟定工作规章制度 3. 负责文件档案的管理工作 4. 处理征费业务投诉举报、及来信来访件	行政管理员 行政股长 分管副局长	
10	稽查装备、设备维护及管理	落实稽查装备、设备（包括稽查船艇）维修保养等管理工作	稽查管理员 船长、中队长 分管副局长	
11	查扣物（油品、船只）管理	按照有关规定，做好查扣物（油品、船只）的保管、处置管理工作	稽查管理员 中队长、征收股长 分管副局长	
12	行政处罚	依法履行行政处罚职责，做好调查取证，按工作流程办理审批手续，作出行政处罚决定	征收股长 分管副局长	

（二）稽查局征稽业务岗位管理网络图（图 3-3）。

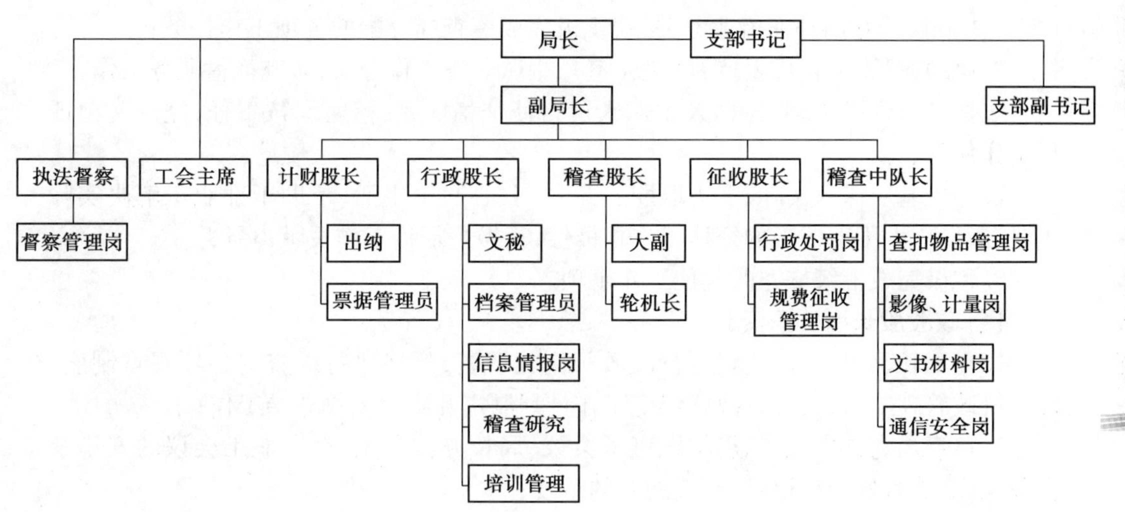

图 3-3 稽查局征稽业务岗位管理网络图

（三）稽查局各征稽岗位职责

【局长岗位职责】

1. 在省局领导下，认真负责地开展征稽业务和管理工作，严格、忠实履行稽查局局长岗位职责，主持稽查局全面工作；

2. 积极宣传、贯彻国家有关交通规费征收的法律、法规，严格执行《海南省经济特区机动车辆通行附加费征收管理条例》有关规定，认真做好交通规费征收、稽查业务管理和执法督察工作；

3. 组织制定稽查局年度工作计划，积极开展征稽业务，努力完成省局下达的各项工作任务；

4. 以"集体领导、民主集中、个别酝酿、会议决定"的十六字决策方法推进工作，办好稽查局各项事情；

5. 制定完善稽查局各项规章制度，落实征稽工作岗位责任，检查督促各股室、各稽查中队、稽查船艇严格履行职责，做好相关工作；

6. 负责财务开支审批和主持大额（1 万元以上）开支班子会议集体决定的原则，管好稽查局财务工作；

7. 抓好征稽队伍建设，负责局内干部调配和人事管理工作；

8. 负责文件、报告及报表的签发工作；

9. 积极完成上级交办的其他工作事项。

【副局长岗位职责】

1. 在局长带领下，负责分管股（室）、中队工作，认真履行稽查局副局长岗位职责；

2. 深入征稽工作现场、做好调查研究，为局领导班子决策提出合理化建议，严格执行局领导班子决定，协助局长做好征稽工作；

3. 团结带领分管部门工作人员，严格执行征稽法律法规和《海南经济特区机动车辆通行附加费征收管理条例》，带头执行稽查局各项规章制度，努力做好征稽工作；

4. 指导分管股（室）、中队制定好年度工作计划、完成年度目标任务，帮助分管股（室）、中队协调好内外征稽业务关系，积极完成稽查局分配的各项工作任务；

5. 协助股长、中队长主持召开股（室）、中队业务工作会议，研究征稽业务工作；

6. 指导分管股（室）、中队及工作人员行使征稽职责，落实岗位责任，完成各项征稽工作任务；

7. 深入基层深入实际，多听取职工意见，关心职工生活，帮助干部职工解决实际困难，激发广大干部职工的征稽工作积极性，为做好征稽工作贡献力量；

8. 积极完成上级交办的其他工作事项。

【行政股股长岗位职责】

1. 在局长领导下，认真履行行政股长岗位职责，严格执行稽查局各项规章制度，做好行政管理工作，负责行政股年度工作计划制定和年度工作总结工作；

2. 负责局党支部会议、局领导班子会议、局长办公会议、全体职工会议的安排及会务工作，并做好会议记录、会议纪要的编发；

3. 负责上级工作部署、稽查局决策决定、领导批示的督办工作，并将落实情况逐级上报；

4. 负责审核以稽查局名义上报下发的各类文件。局长讲话材料及重要报告、综合性材料的撰写工作；

5. 协助局领导开展工作调研、工作总结，并负责撰写调研报告、工作总结；

6. 负责组织制定完善局的规章制度；负责检查、监督稽查局征稽岗位职责的落实；

7. 负责人事劳资、办公经费的控制及管理工作，认真落实办公经费管理制度；

8. 负责局的车辆管理和调度，以及车辆的保养、维修工作。负责公用房、水电、设备的维护和管理工作。负责办公用品的采购、配置使用及管理工作；

9. 负责来信来访办理、投诉举报受理、稽查信息情报收集及管理工作；

10. 协调各股室、各中队、稽查船艇工作；

11. 负责稽查局的对外联络接待工作；

12. 积极完成局领导交办的其他工作事项。

【计财股股长岗位职责】

1. 在局长领导下，认真履行计财股股长岗位职责，主持计财股工作，兼任会计工作；

2. 认真贯彻执行财经工作的政策、法规和财务会计制度；

3. 负责编制年度稽查局经费预算、年终财务决算和会计报表编报工作；

4. 负责制定计财股的年度工作计划和相关工作的管理办法，抓好业务基础建设；

5. 接受会计核算中心的监督管理，严格执行上级下达的经费使用计划，监督、审核各项资金的使用、确保开支的合法、合理和有效；

6. 负责票据的管理和规费入库的对账工作，确保规费足额、准确上缴国库；

7. 负责编制纳税申报表；负责固定资产的管理工作；

8. 负责计财股人员的考勤登记；

9. 敬岗爱业，尽职尽责，吃苦耐劳、清正廉洁，带领计财股人员努力完成各项工作任务；

10. 完成领导交办的其他工作任务；

【征收股股长岗位职责】

1. 积极宣传贯彻、严格执行《海南省经济特区机动车辆通行附加费征收管理条例》有关规定，认真做好交通规费征收工作，严格履行征收股股长岗位职责；

2. 负责制定年度、季度、月规费征收计划，送分管副局长审核，上报局班子审批后组织实施；

3. 负责对稽查执法查扣的车辆（船只）、牌证、油品（物品）等查扣物品的造册登记，并认真做好保管工作；

3. 严格执行相关规定，依照行政处罚法规、程序处罚违规车辆、船只、燃油经营企业，做好行政处罚的复议、应诉工作；

4. 负责做好违规车辆处理、处罚的登记及相关工作（处理、处罚时间、金额、票号、并收回暂扣文书等资料）；

5. 依照国家有关规定和省局《交通规费票据使用暂行管理办法》，加强票据使用、核销的管理，严禁开具手工票据、临时票据，若出现差错，应注销作废，并按规定办理作废票据的核销工作；

6. 积极完成领导交办的其他工作事项。

【稽查股长（中队长）岗位职责】

1. 在局长领导下，严格履行规费稽查职能和稽查中队长岗位职责，团结带领中队稽查管理员认真负责地开展规费稽查业务，组织查办偷逃交通规费重大案件，执行行政执法督察任务；

2. 参与制定日常（常规）稽查方案、海上巡航稽查方案、行政执法督察方案和查处偷逃规费重大案件方案；

3. 认真组织实施局领导班子指派的，对重点地区、港口码头、加油站以及辖区海域的稽查任务和执法督察任务；

4. 认真总结稽查执法经验、研究解决执法过程中出现的新情况、新问题；加强稽查信息情报、投诉举报信息的研究分析，为稽查工作提供信息保障，为进一步提高稽查工作效果和效率，推进依法、科学征稽工作作出贡献；

5. 加强与公安、路政、交警、海警、海事等协查部门的沟通配合，营造和谐的交通规费征稽环境；

6. 参加海上巡航稽查时，除履行稽查员的职责外，另兼任稽查船艇的相应岗位职务，具体承担稽查船艇的岗位职责。同时指派中队的稽查管理员负责稽查船艇的大副、轮机长、通信等岗位的职责；

7. 严格遵循征稽人员“六不准”规定，文明执法、廉洁执法，依照相关规定管理好稽查执法队伍；

8. 认真填写好稽查日志，做好每日、每次稽查行动的总结，认真吸取经验教训，为更好地总结稽查工作提供稽查实践素材；

9. 严格遵守稽查局制定的《稽查工作保密制度》，认真做好稽查执法的保密工作；

10. 积极完成领导交办的其他工作事项。

【督察队队长岗位职责】

1. 根据相关规定,在局长授权下带领督察队行使行政执法督察权,履行行政执法督察岗职职责;

2. 严格执行《交通征稽行政执法督察管理规定》。行使全省征稽系统的行政执法督察职责,制定行政执法督察方案报请局长批准授权实施监督检查工作,进行执法督察检查后,对存在问题进行反馈,并提出整改意见;

3. 负责督察材料、数据的收集汇总,撰写督察报告;

4. 履行执法督察职职责,训诫违规人员、纠正违法违规行为,直至发出《执法督察通知书》;

5. 对督察人员的督察纪律、督察业务进行监督和考核;

6. 对督察情况记入执法督察日志,并向相关领导汇报。

【稽查船船长岗位职责】

船长是稽查船舶领导人,是船舶安全生产、航行指挥、行政管理、技术业务和涉外工作的负责人,船长对稽查局负责。

1. 船长要严格遵守有关国家法规和规章,国际公约和条例(如国际海上防污染公约、各国有关防污染的规定),以及地区性规定。严格贯彻执行稽查局《稽查船艇勤务管理规定》,对船员的各项行政管理制度,领导船员严格履行岗位职责.保持船舶适航、适载和设备的良好技术状态,确保船舶的安全巡航、执行海上稽查执法任务;

2. 船长负责审定船舶维修保养计划和航次工作计划,要严格执行乘员定额和载重线规定,不得超载;负责组织全体船员制定和落实防火、防爆、防海盗、防偷渡、防走私等各项防范措施;负责审核并签署应变部署表,定期主持救生、消防等各种演习;负责审阅并签署航海日志.监督航海日志、轮机日志和电台日志的正确记载,负责保管船舶公章、重要文件、船舶证书、船员证书等.证书到期前应及时申请检验或更换;

3. 接到巡航命令,在开航前,船长应通知船艇各部门负责人做好开航前的准备工作。督促大、二副备齐并办妥所需海图和其他航海图书资料,审定安全的航线;制定并落实航次计划,备足航次所需的燃料、备件、物料、淡水、伙食等;检查备齐各种船舶证书、船员证件、巡航任务通知书,以及港口文件,办妥离港手续;

4. 航行中.船长应督促船艇各部门负责人认真落实航行计划及相关措施,及早布置和落实防暴风、防台风、防冻、防碰撞以及雾航等安全巡航措施。在船舶进出港口、靠离、移泊、通过狭水道或船舶密集海域、礁区以及遇恶劣天气、能见度不良或遇到法定的其他情况时,船长应上驾驶台亲自指挥或指导,船长负有稽查巡航的安全责任。夜间航行时,应将有关航行指示和安全注意事项明确记入"船长夜航命令簿";

5. 在停泊期间,船长应布置值班注意事项,并督促检查值班情况,保证稽查船艇的安全;

6. 在船舶发生海损事故时,应按规定发出扼要的海事声明或海事报告,连同航海日志摘要在船舶回到港口时送交有关部门签证,并按需要申请检验;

7. 船舶发生危及在船人员和财产安全的事故时,船长应及时组织船员和其他在船人员尽力施救。在船舶沉没不可避免的情况下，船长可以做出弃船决定，但应尽最大可能向稽查局报告并得到同意。在弃船时，船长应当最后离船，并尽可能携带国旗、航海日志和其他重要文件离船；

8. 在紧急情况下. 船长为保障水上人命与财产的安全和保护水域环境，可独立作出判断和决策。船长在不严重危及本船和船上人员安全的情况下，应当尽力救助水上人命；

9. 船舶发生水上交通事故或水域污染事故，船长应采取一切措施尽力防止损失扩大，并撰写水上交通事故报告书或水域污染事故报告书；

10. 在修船时，船长应认真审核各部门修理计划，检查进厂前的准备工作，做好防火、防爆、防工伤等工作。修理过程中，经常检查工程的质量和进度，严格监修和验收，保质保量地按期完成修船任务；

11. 下达各项通信任务，正确使用各种无线电通信设备，做好维修保养工作，并做好记录。

【大副岗位职责】

大副是船长的主要助手，是甲板部的负责人。在船长的领导下，主持甲板部的日常工作。除航行值班外，主管船艇的配载、装卸、交接和运输管理以及甲板部的维修保养工作。

1. 大副负责编制甲板部的维修保养计划，组织甲板部人员做好维修保养工作；负责督促做好甲板部的备件、物料、工具和劳保用品的请领、验收、保管、使用等工作；负责每日检查淡水舱、压载水舱和污水沟（井）的测量记录并记入航海日志；负责安排淡水舱、压载水舱的注入、排出或移注工作. 以及管理淡水的补充；负责按规定审阅和签署航海日志，负责保管航海日志和有关图纸、技术资料和业务文件；负责督促三副和水手长做好救生、消防、堵漏设备和各种应变器材的养护工作；

2. 大副全面负责船艇装卸。在保证船舶安全的前提下，合理配载承员，不得超载；

3. 开航前，大副负责检查甲板部船员是否到船，以及淡水储备量、封舱、活动物件绑扎固定等情况，并会同轮机长、电机员试舵，确认良好并记入航海日志；

4. 大风浪侵袭前. 大副应督促水手长和木匠检查船上易移动物件并予以绑固，并亲自检查舱口的水密性和牢固情况，督促有关人员关闭船舱通风口和外侧水密门窗以及疏通甲板排水孔道；

5. 进出港口、靠离移泊和抛起锚时，大副在船首负责瞭望，并按船长要求指挥船员进行缆绳、锚等作业的安全操作；

6. 修船时，大副负责汇总和编制甲板部的修船计划，制定并落实各项安全措施，组织好监修、验收和自修工作，掌握修理进度和质量，保质保量按期完成该部门的修船任务。

【轮机长岗位职责】

轮机长在船长的领导下，是全船机械、动力、电气（无线电通信和甲板部使用的无线电仪器除外）设备的技术总负责人。

1. 负责制定并落实各种机电设备的操作规程、保养检修计划和值班制度；

2. 负责组织制定轮机部修船计划、编制修理单和预防检修计划，组织领导修船并验收；

3. 负责各种油料、物料、备件的申请、造册保管和合理使用；

4. 负责保管机舱设备的证书、图纸资料和技术文件；

5. 负责审阅和签署轮机日志；

6. 在发生紧急事故时，轮机长负责指挥机舱人员进行抢修和抢救工作。

【行政管理岗位职责】

1. 负责起草以稽查局名义上报下发的文件和重要报告材料；

2. 负责文件(包括 OA 系统文件)收发，以及文件的归档、保密等管理工作；

3. 负责稽查局会议的会务工作；

4. 负责投诉举报受理、稽查信息情报收集管理等工作；

5. 办公用房、水电、车辆、设备的维护和管理工作；

6. 办公用品的采购、分配及管理；

7. 负责群众的来信来访工作；

8. 协调各股室、各中队的有关工作；

9. 完成领导交办的其他工作事项。

【规费征收管理岗位职责】

1. 在股长领导下，认真开展规费征收和协助股长、局长做好规费征收业务的调研工作，严格履行规费征收管理员岗位职责；

2. 准确核实车辆的台数、吨位、座位数量、使用性质、征费类别，严格按征费标准征收规费，开具缴费收据，发出缴款凭证；

3. 配合各中队长、稽查人员做好上路稽查工作，依照法规和程序对拖欠、偷逃规费等违法违规行为，进行立案调查和处罚；

4. 建立查(暂)扣物管理制度，负责查扣物品管理工作。对中队及相关部门在稽查执法中查扣的车辆、船只、油品等物品要及时做好造册登记和保管工作；处理查扣物，必须严格按相关规定及批准手续办理；

5. 负责编制柴油车辆稽查征费统计月报表，并做好送有关领导审核和上报的相关工作；

6. 做爱岗敬业、吃苦耐劳、诚实廉洁的征稽人。

【稽查员岗位职责】

1. 在中队长领导下，认真开展规费稽查工作，严格履行稽查管理员岗位职责；

2. 认真执行稽查局的稽查部署和安排，行使稽查执法、追缴拖欠规费、对偷逃规费行为的调查取证和处罚的职责；

3. 对辖区范围的加油站进行稽查计量检查；

4. 对港口码头、重点地区实施稽查执法行动，严肃查处偷逃规费重大案件；

5. 根据局长、中队长安排参加海上稽查执法行动，兼任稽查船岗位职务并履行岗位职责；

6. 遵守保密制度、严守征稽机密；

7. 积极参加征稽业务培训学习，日常稽查执法、海上稽查执法训练，稽查船艇巡航勤务演练；

8. 依法行政，清正廉洁，爱岗敬业，尽职尽责，努力完成稽查工作各项任务。

【行政处罚岗位职责】

1. 在局长、股长领导下，认真负责地做好行政处罚管理工作，严格、忠实履行交通规费行政处罚管理员岗位职责；

2. 宣传、贯彻、执行国家有关交通规费征收的法律、法规，严格执行《海南省经济特区机动车辆通行附加费征收管理条例》有关规定，认真负责地做好行政处罚管理的相关工作；

3. 负责审理稽查中队移交的稽查调查取证材料，撰写行政处罚案件立案调查报告及办理立案审批手续。负责审理立案调查案件的证据材料、撰写结案报告、提出处理意见，办理行政处罚手续；受股长指派起草立案调查报告，参与偷逃规费行政案件的调查，证据材料归类整理、编目建册，撰写结案报告，提出处理意见，参与行政复议、行政诉讼和依照法定程序办理申请人民法院强制执行等工作；

4. 负责与稽查中队办案调查人员及相关人员联络沟通，对证据的核实、查扣物品的保管处理等工作做好协调；

5. 负责做好行政处罚案件材料档案的收集归档和管理工作；

6. 负责行政处罚案件统计以及相关事项工作。

【票据管理员岗位职责】

1. 在股长领导下，认真负责地做好票据管理工作，严格、忠实履行交通规费征收票据管理员岗位职责；

2. 积极宣传、贯彻、执行国家有关交通规费征收的法律、法规，严格执行《海南省经济特区机动车辆通行附加费征收管理条例》有关规定，认真负责地做好交通规费征收的相关工作；

3. 严格执行省局有关票证审核、管理的规定，负责交通规费各种票据、票证的使用监督、保管等工作；

4. 负责建立票据、票证收发的总账和明细账，做好票证销号等管理工作。

【稽查计量员岗位职责】

1. 在中队长带领下，认真负责地开展加油站稽查计量工作，严格、忠实履行交通规费稽查计量员岗位职责；

2. 熟悉和掌握量油工具的使用方法，按计量操作规程，并持证上岗；对辖区内的油库和加油站进行测量、计算，做好测量数据记录，及时如实填写相关账、表、单工作；

3. 根据油库或加油站的进销存记录，通过"计量平衡计算公式"核实油库或油站销售数据，计算误差率，并能分析查找和发现问题；

4. 认真学习消防知识，熟悉加油站内消防器材性能，并能熟练操作消防器材灭火；

5. 做爱岗敬业、吃苦耐劳、诚实廉洁的征稽人。

【稽查通信、安全员岗位职责】

1. 在稽查中队长领导下，负责稽查执法行动的通信及安全工作，认真履行稽查执法行动通信、安全员岗位职责；

2. 在接到稽查执法行动任务时，首先检查稽查通信（包括安全设备设施）等设备情况，按照相关规定检查通信设备的配备是否达到要求，检查设备功能是否正常、电源是否满足稽查工作需要，并逐一开机调试确认设备完好；

3. 在稽查执法过程中,第一要务为保证通信畅通、设备安全、执法环境安全,然后才是配合其他稽查员做好稽查执法工作;

4. 在特殊情况下,能快速与稽查局突发事件应急处置小组取得联系,出现紧急情况能与公安110指挥中心取得联系;

5. 在特殊情况下能做到24小时不间断与相关部门的通信联络。

(四)日常(常规)稽查执法管理

稽查局日常(常规)稽查业务流程如图3-4所示。

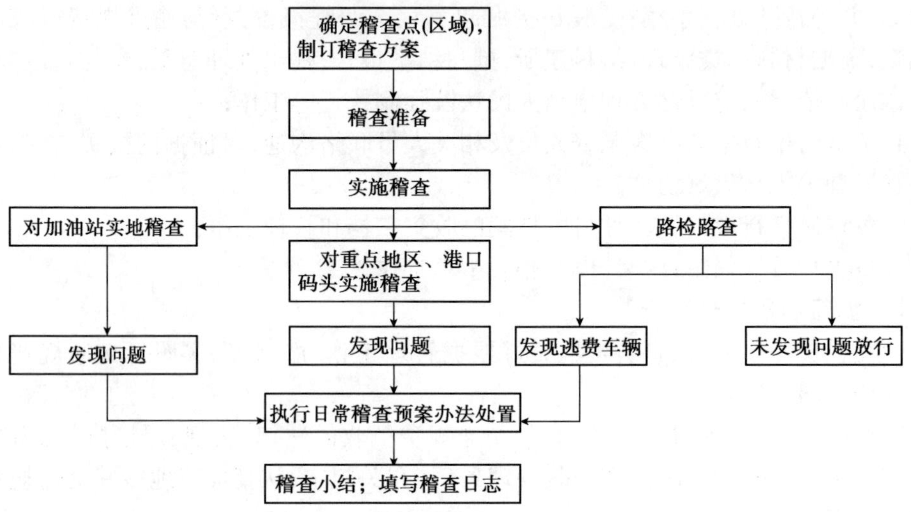

图3-4 稽查局日常(常规)稽查业务流程图

日常(常规)稽查执法预案

(一)日常(常规)稽查准备

1. 根据稽查调研获得的信息和情报情况,研究确定稽查目标、地区(地点)并制订稽查执法方案。

稽查执法方案应包括如下内容:

(1)根据交通规费征收的情况,确定稽查执法的目标、对象、稽查重点、稽查执法路线位置以及稽查执法时间等。

(2)稽查执法方法、流程、注意事项等。

(3)发现情况的处置方法(包括稽查执法记录、收集证据、需要采取的执法措施等)。

(4)稽查执法时发生突发情况的处置方法等。

(5)依法、文明稽查执法要求等内容。

日常(常规)稽查执法方案制订完成后,按审批程序报分管副局长审核、局长批准后组织实施。

2. 日常(常规)稽查执法的具体准备。

1)稽查执法人员的组织。

依法组织交通规费稽查执法行动,是法律、法规赋予征稽人员的职责。每次的稽查执法行动须经单位主要领导批准下进行，并指派稽查执法组长和持有《交通行政执法证》的征稽执法人员（稽查执法组至少要有2名以上持证的稽查人员）组成稽查执法组，行使稽查执法职责。根据稽查执法需要，还可配备相关人员参加稽查工作。

2）稽查执法装备、车辆的准备。

稽查执法行动前要做好稽查执法装备、车辆的准备工作。

（1）稽查车辆安全性能检查，做好日常维修和保养工作，以保证稽查执法的顺利进行。

（2）稽查装备的准备：稽查对讲机、稽查电脑、头盔、反光背心、拦车牌、路锥、照相机、执法监督仪、记录取证器材装备等的调试（装备功能调试），并确认装备完好不缺。以确保稽查执法取得实效。

（3）稽查执法人员按规定要求着装整齐，佩带执法证件，携带有关执法文书、《条例》宣传手册等必备证件、文书资料等。

（二）日常（常规）稽查执法实施

1. 检查通行车辆时的稽查执法管理。

（1）在路面执行稽查任务时，不能妨碍正常交通秩序。执法车需选择与处置地点同方向的安全地点停放，并开启警灯。

（2）稽查执法人员指挥停车可用徒手指挥和使用停车示意牌（灯）两种方法。且在夜间指挥停车稽查时则一律使用停车示意灯，稽查人员必须加穿着反光背心。

稽查人员指挥停车时，应面站在道路中线的左端向来车，在距执勤点至少200米处，设置摆放发光或者反光的警告标志、警示灯等，并间隔设置减速提示标牌、反光锥筒等安全防护设备。在来车相距执勤点150米处，须连续发出停车检查讯号，指挥车辆到达指定的停靠位置。

（3）受检查车辆在指定的停靠位置停稳后，稽查人员上前检查。检查的全过程必须按照文明规范检查的要求进行。

检查程序为：先向驾驶员敬礼→向其表明执法身份→明确表达检查项目→逐一检查→检查完毕。

（4）在检查车辆时，未发现欠缴通行附加费情况的，应即交还有关证件，立即放行，并同时做好检查登记。

（5）在检查车辆时，发现有欠缴通行附加费行为的车辆，按下列规定程序处理：

①提取相关证据（证据包括视频、照片材料、现场笔录等）。

②对欠缴通行附加费行为的车辆进行暂扣，并开具《行政强制措施通知书》和《暂扣物品决定书》，双方确认暂扣物品并签名。

③将暂扣车辆安全停放到附近的停车场停，待该车辆缴费处理后，车主凭放行单到停车场领取暂扣车辆。

④机动车驾驶人拒绝停车检查的，稽查人员不得站在车辆前面强行拦截，或者攀爬疑似冲卡车辆。

被检查车辆蓄意冲卡后，稽查人员不能驾驶稽查车追缉，应采取通知下一执法单位进行堵截，同时记下车牌号、拍照等进行取证，作事后追究等方法进行处理。

2. 港口码头、加油站的常规稽查须在稽查行动前确定稽查内容、稽查重点以及稽查执法的方法和措施报分管副局长批准后实施，牵涉面大、问题复杂的稽查行动还须向省局稽查科报告，由稽查科出面做好协调工作，确保稽查行动的顺利进行，以达到稽查执法的如期效果。

3. 日常(常规)稽查执法行动，要详细做好稽查执法记录，并撰写稽查执法日志，以备稽查执法总结研究之用。

(三)稽查业务工作移交

指将稽查执法取得的证据材料交由负责行政处罚岗位人员进行案件的进一步审理，正式进入行政处罚程序。稽查业务移交工作内容：稽查收集的案件证据材料(包括影像、录音证据材料)、查扣物移交，统一使用《稽查业务移交表》(表3-3)交接人签字移交形式交接。

移交案件登记表 表3-3

移交案件单位	
接受案件单位	
案情简述及移送材料	我单位执法人员于________年____月____日____时____分在____________________稽查发现____________________□车辆/□船舶/□油品涉嫌下列违法行为：□柴油机动车辆不按规定缴纳机动车辆通行附加费；□违反《海南经济特区机动车辆通行附加费征收管理条例》运输汽油，依法予以暂扣。现将本案移交给你单位查处。 附件： □1.《行政强制措施审批表》； □2.《行政强制措施通知书》； □3.《暂扣物品决定书》； □4.《现场笔录》。 移交案件单位(盖章) 年 月 日
接收案件单位意见	□1. 附件材料齐全，同意接受。 □2. 附件材料不完整，不予受理。 接受案件单位(盖章) 年 月 日

注：该表一式两份，移交案件单位一份，接受案件单位一份。

(五)海上稽查执法管理

1. 海上巡航(专项)稽查执法的准备

1)制订海上巡航(专项)稽查执法方案

海上巡航(专项)稽查执法方案应包括如下内容：

(1)根据巡航勤务和有关稽查执法的情况需要，确定巡航稽查执法的目标海域、稽查对象，并根据稽查执法时天气、海况相关情况的研究分析结论确定稽查重点、巡航路线，稽查执法时间等内容。

（2）稽查执法方法、流程、注意事项等。

（3）发现违规情况的处置方法（包括违规船只及油品的查扣、稽查执法记录、收集证据、需要采取的执法措施等）。

（4）依法文明稽查执法要求等内容。

（5）制订巡航执法的应急预案，为成功有效处置稽查执法时发生的突发情况作好充分准备。

稽查执法应急预案应有如下内容；

①在巡航执法中突遇天气、海况发生变化时的处置办法；

②在巡航执法中突遇船舶轮机等设备出现异常，不能正常工作情况的处置办法；

③在巡航执法中突遇可疑船舶逃避检查，拒绝检查，可疑船舶采取过激行为或开船逃跑等情况的处置办法；

④在巡航执法中突遇需要相关部门协助、增派稽查力量的特别情况的处置办法。

2）稽查执法装备、船舶的准备

（1）做好巡航船舶的维护保养工作，重点检查、验校船舶的运行状况，确认通信系统、雷达、声呐、全球定位系统是否正常；

常用轮机配件、机油、油料、拖带、防护器材、淡水、方便食品等物资是否配足；

（2）各种稽查装备（救生衣、头盔、强光手电、稽查对讲机、稽查电脑、反光背心、录像机、照相机、执法监督仪、记录取证器材装备）等是否配备，并进行装备功能的调试、测试，并确认装备完好无缺，以确保稽查执法取得实效；

（3）分析研究辖区内情报和海区海况、天气条件对执行巡航稽查执法任务的影响及有利条件；

（4）组成海上巡航执法队伍，巡航执法队伍以海上稽查中队人员为巡航执法的骨干力量。按照相关规定每次巡航执法要有不少于5名稽查人员在稽查船上待命。另可根据工作需要配备相应的工作人员若干名（但执法船舶不能超过核定载员）；

（5）及时向上级领导汇报巡航执法准备情况，准备接受勤务巡航执法任务。

2. 海上巡航稽查执法的组织与实施

1）巡航执法人员的配备

每艘执法船上至少配备2名以上持有行政执法证的稽查人员。并根据执行任务的具体情况，安排足够的专业人员及工作人员（但执法船上不能超过核定乘员人数），以保证实施连续性、有效性的巡逻执法检查。

巡航执法过程中，稽查人员及船员应按规范穿戴好工作服、帽、鞋，并严格遵守巡航安全规定和船舶的操作规程，以保证巡航执法的顺利安全地进行。

2）海上稽查执法管理

海上稽查执法管理流程如图3-5所示。

（1）稽查执法人员在巡航执法时必须着装整齐，正确使用规范、专业用语。向被检查者出示执法证件，并表明检查目的；

（2）稽查人员必须能熟练使用录像机、照相机、执法监督仪等记录取证设备进行取证；在检查过程中，稽查人员应按相关规定做好检查记录，记录登记本上至少要有2名稽查人员签名；

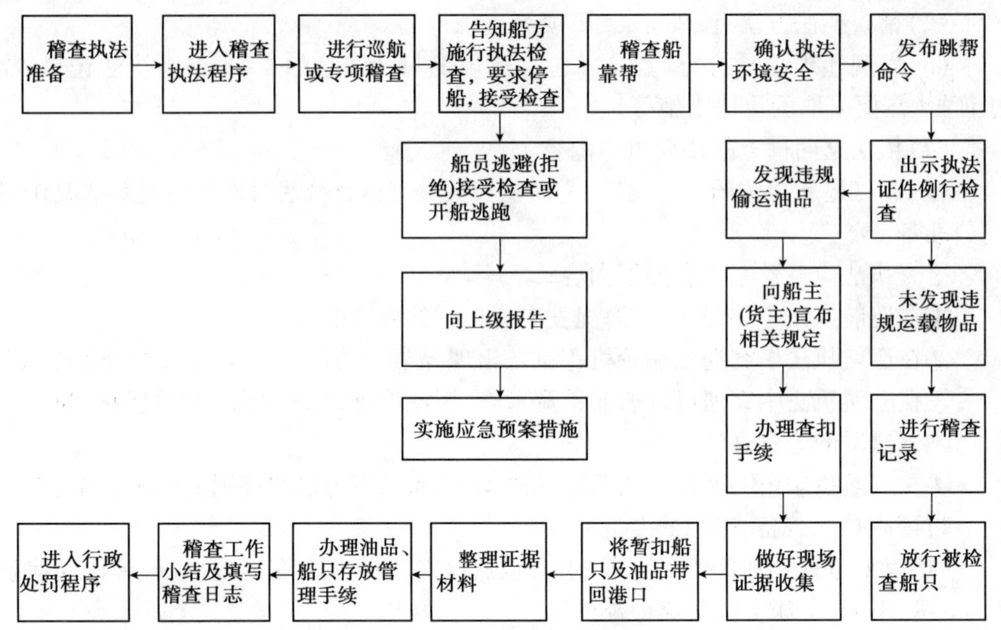

图3-5　海上巡航稽查执法管理流程图

(3)执法检查时，必须利用话筒对被检查船只进行连续喊话三次以上，告知船方例行执法检查。待被检查船只停船，稽查船并与之靠帮后，带队领导确认当时环境安全，才能发布跳帮命令，稽查人员登船后先出示行政执法证件，并对船舶进行检查；

(4)执法检查时不得危及船舶、人员和货物的安全，未经指挥长许可和被检船方同意，稽查人员不得擅自登船进行检查和操纵被检船舶设备；

(5)执行跨辖区巡航执法时，岸基与执法船之间应保持有效的通信联系。执法船要定时抄收气象预报，了解天气及海况。当气象条件可能影响执法船航行安全时，船长应根据气象条件对巡逻计划及巡逻路线等进行相应调整，并及时逐级上报；

(6)发现可疑船只，先发布执勤警报，开启警灯，全体稽查人员做好执法检查准备，稽查船迅速靠近可疑船只；

(7)例行检查船舶时，如发现偷运汽油或不能证明其正当来源的，则即向船主(货主)宣布，依据《条例》第三十五条规定，将非法运输汽油的船舶和油品作暂扣处理，开具《行政强制措施通知书》和《暂扣物品决定书》，并做好现场笔录取证工作。按相关规定，将暂扣船只及油品带回后移交由征收科处理；

(8)在巡航执法中突遇可疑船舶逃避检查，拒绝检查，可疑船舶采取过激行为或开船逃跑等突发事件，带队领导要沉着、果断指挥应对，并即时向上级报告，同时按稽查执法应急预案办法妥善处置，切实保障执法船只和人员安全；

(9)海上稽查执法总结。每次巡航执法结束后，执法中队都要对本次巡航执法进行认真总结，总结经验，检查不足，以利巡航执法水平的提高。总结必须形成书面材料并向上级汇报；

(10)稽查船艇勤务管理。稽查船艇勤务管理的具体工作以《稽查局稽查船艇勤务管理规定》执行；

(11)海上稽查船舶的保养与维护。每次巡航结束后，必须严格按照《稽查局稽查船艇勤务管理规定》对稽查船舶进行常规的保养与维护，发现问题及时处理，需要更换的配件及时更换,以保证稽查船舶能招之即来,来之能航,航之能胜。

(六)行政执法督察管理

根据《中华人民共和国行政处罚法》、交通运输部《交通行政执法监督规定》以及其他有关规定,开展交通征稽行政执法督察,对全省征稽分局,以及港口、码头征费窗口等岗位履行征稽职能、行使职权,行政执法的情况,进行执法监督检查,是落实依法行政、廉洁从政的重大举措;行政执法督察工作必须遵循"依法依规、令行禁止、实事求是、有错必纠必究"原则;稽查局建立行政执法督察队伍,在稽查局局长授权和直接管理下,具体履行行政执法督察职责,对省交通规费征稽局主要领导负责。

行政执法督察工作流程如图 3-6 所示。

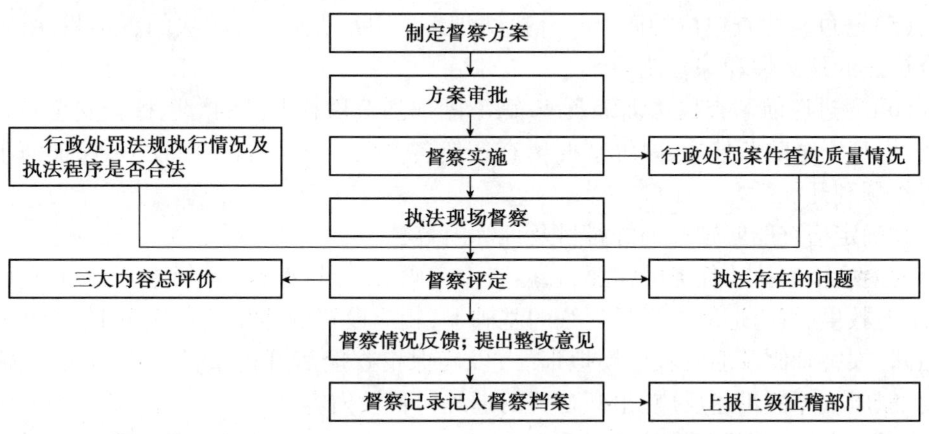

图 3-6 行政执法督察工作流程图

督察方法:

1. 查看执法档案、日志;
2. 检查执法案件的处理情况;
3. 查看投诉举报办理处理情况;
4. 召开座谈会(相关执法人员);
5. 查看执法现场情况;
6. 发现违纪违法行为向纪检部门移交;
7. 交通征稽执法行为规范。

(七)海上巡航稽查执法训练、巡航勤务训练及演练

为保证海上巡航稽查执法工作的顺利进行,开展海上巡航稽查执法训练、巡航勤务训练、演练,是提升海上稽查队伍的综合素质,增强稽查队伍的战斗力、凝聚力和管理能力的需要。

组织稽查船艇勤务工作训练,主要是从探索与研究、拓宽稽查船艇巡航勤务训练内容,着眼建设一支具有较强的海上快速反应能力、应急处置能力和海上巡航稽查执法能力的交通规费稽查执法队伍,以海上巡航稽查执法勤务为出发点的训练。认真贯彻落实稽查局《船艇勤务管理规定》的要求,锤炼队伍,加强勤务工作管理力度,不断提高稽查船艇的管理水平和巡航稽查执法能力为目标。

1. 制订稽查船艇勤务训练大纲,确定勤务训练目标

(1)按照省局对海上稽查工作的部署要求,并根据稽查局海上稽查管理规定,开展海上巡航稽查执法训练、巡航勤务训练及演练,加强组织领导和管理,努力达到预期的训练目标。

(2)通过巡航稽查执法训练及演练,不断提升稽查人员海上稽查执法水平和应对处置突发事件的能力。

(3)通过巡航稽查执法训练、勤务训练及演练,形成稽查船艇长时间、长距离稽查工作的战斗力。

(4)通过船艇常规保养与维护,以及操作程序的训练,提升船艇跨海域的经常性的巡航作业,提高船艇的应对能力及适应能力。

(5)通过与协查单位的海上联合执法训练,不断完善联合执法的各项程序,提高联合执法的默契性和综合能力。

(6)通过巡航稽查执法训练及演练,不断加强对稽查人员的海上稽查安全意识的培养,提高安全防范技能,熟练掌握稽查船艇各类安全工具的使用技巧,保证海上稽查工作顺利开展。

2. 确定稽查船艇勤务训练科目及训练内容

为适应稽查执法任务的需要,在船艇靠离码头、定点抛锚、靠帮登船、检查运输油品、水上救生、编组巡航等科目训练的基础上,相应设置低能见度条件下航行训练、船舶堵漏、损害管制及船艇救生模拟训练,以确保稽查船艇开进条件下遇到天气、海况骤变、船艇故障能迅速反应、果断处置的训练科目及内容。

(1)科目一:以巡航为内容的科目训练,夜间巡航、雨中巡航、低能见度条件或突遇天气、海况骤变下巡航以及编组巡航。

(2)科目二:以巡航稽查执法为目标的科目训练,船艇靠离码头、定点抛锚、靠帮登船、检查运输油品、调查取证,遇到船主(货主)暴力对抗检查、可疑船拒绝停船检查、开船逃逸情况处置及联络相关部门或征稽分局协助的演练。

(3)科目三:以排除船艇故障为内容的科目训练,船舶堵漏、轮机抢修、船艇发生火灾、损害管制,以及船艇故障迅速反应、果断处置等内容的演练。

(4)科目之四:以船艇通信为内容的科目训练,船艇无线电台操作和复杂气象条件下保证船艇通信畅通、利用其他通信设备与岸基相关部门联络,以及稽查局应急指挥通信指令接收等内容的演练。

(5)科目之五:以水上救生为内容的科目训练,船艇救生模拟训练、水上救生、抢救伤员等内容的演练。

(6)科目之六:以提高安全防范技能训练和与海事、海警、边防等部门协同处置突发事件,提升综合稽查执法处置能力的训练和演练。

3. 制订年度、月度和日常勤务训练时间安排表。

4. 制订“技能培训与勤务训练相结合、交流学习与勤务训练相结合、开展勤务技能知识竞赛和技能比赛与勤务训练相结合”的三结合原则组织巡航勤务训练计划。

5. 稽查船艇巡航勤务训练的组织领导工作。成立以分管副局长、稽查中队长、船长等组成的巡航勤务训练领导机构,把训练工作抓细抓实,以保证训练的安全顺利进行并取得成效。

6. 稽查船艇巡航勤务训练保障工作。在整个训练过程，参训人员要严格遵守《国际海上避碰规则》等法规，正确避让海上渔棚、船只，严格落实训练制度，认真搞好通信、卫勤、生活等各类服务保障工作。

（八）行政处罚工作管理

行政处罚案件受理主要流程是：办理立案手续→确定承办人、组成案件承办小组→调查取证（收集相关证据）→证据材料审理、核对（须与当事人核对确认的材料，必须履行核对确认手续）→分析归纳整理材料→撰写调查报告→办案小组集体讨沦（提出处理意见）→整理案卷并编目、装订→法规股集体审核、并提出行政处罚意见→报局领导班子讨论确定处罚→发出行政处罚决定书。行政处罚决定书发出后，必需做好行政复议、行政诉讼相关工作，准备应对行政复议、行政诉讼事宜。

（九）稽查执法应急预案

为了及时、高效、有序地处置交通规费稽查突发事件，实施应急管理和响应程序，是维护国家财产安全，确保人民生命财产安全的重要工作，我们必须高度重视和落实。稽查执法应急预案包括日常（常规）稽查执法和海上巡航稽查执法应急预案两种。

日常（常规）稽查执法应急预案

一、总则

依据国家相关的法律法规和《海南经济特区机动车通行附加费征收管理条例》的规定，开展规费征收稽查执法工作是净化交通规费征收环境的重要措施，更是保证《海南经济特区机动车辆通行附加费征收管理条例》实施必不可少的工作，根据交通规费征稽工作的实际需要及要求，为更加有力地打击偷逃规费行为，保证国家相关的法律法规和《海南经济特区机动车通行附加费征收管理条例》的贯彻执行，根据国家有关处置突发事件要求，制定本应急预案。

二、应急预案体系与适用范围

交通规费征收稽查执法工作只在规定的地区（或重点区域路段）进行专项工作，本应急预案应为专项应急预案体系；本应急预案适用于稽查局在开展日常（常规）稽查执法工作的范围，为科学应对、正确处置稽查执法突发事件作出的工作安排。突发事件主要分为两类：(1)因恶劣天气造成的突发应急事件；(2)因稽查执法过程中车主（货主）为逃避检查而引发的突发事件。第一类为一级应急响应级别。第二类为二级应急响应级别，两类级别的应急响应均为专项应急级别。

三、工作原则

本应急预案的工作原则为：坚持“快速反应和科学应对相结合”、“发现、报告、指挥、处置环节紧密衔接”、“及时应对、讲究策略、注意方式、控制事态发展”，确保及时、高效、有序处理的原则。

四、工作目标

处置突发事件应及时、高效、有序地进行，以减少财产损失及人员伤亡，把社会、政治影响降到最低为工作目标。

五、应急组织机构与应急职责

组织机构名称为:稽查局突发事件应急处置领导小组。组长由局长担任,负责突发事件的组织、协调、指挥应急处置工作。副组长由分管副局长、稽查现场指挥长和稽查中队长三人担任,负责协助局长做好突发事件的预防、应急准备和现场处置等工作,突发事件现场处置由稽查现场指挥长负责指挥。

六、应急行动与措施

发生稽查执法突发事件时,应即启动稽查局《突发事件应急处置预案》,领导小组成员紧急集合、研究突发事件处置工作,救援车辆、救援设备相应到位,不间断通信、值班人员就位,相关部门进入应急响应,救援人员集结待命。

七、具体措施

1. 启动一级应急响应级别预案的条件为:①突遇恶劣天气情况的突发事件;②突遇逃费车辆拒绝检查或开车冲卡的突发事件。

在稽查执法中突遇天气情况发生时,现场指挥长和中队长应沉着、冷静、科学地应对处置突发事件。

(1)现场指挥长应立即与中队长等研究、分析天气情况,确定恶劣天气的级别及影响程度,并及时向稽查局应急处置领导小组长(局长)汇报现场情况以及处置办法,应急处置领导小组长(局长)根据事件的情况,设法组织其他力量救援,并根据事件发展情况向省局汇报突发事件情况。

(2)利用通信设备与气象部门联系,详细了解当前天气变化趋势,为迅速离开危险区域做好应对准备。

(3)通过认真分析研究,确定撤离稽查现场时,应立即发出相关指令;迅速组织稽查岗位人员各司其职,对稽查设备做好防护措施,确保人员安全的前提撤离现场,切忌慌乱无章。

(4)通信、安全员要不间断地与稽查局保持联系,等待应急处置领导小组指令。

突遇逃费车辆拒绝检查或开车冲卡情况的处置措施。

(1)现场指挥长应制止对逃逸车辆进行追缉的行动,避免交通事故发生。但须拍摄逃逸车辆照片,采集相关证据。

(2)遇到车主、驾驶员强烈阻挠稽查人员开展调查取证、扣车等行为时,稽查管理员应对车主、司机进行劝说、教育,平息对方的抵触情绪。

2. 启动二、三级应急响应级别预案的条件为:①在稽查执法过程中,逃费车主(货主)采取过激对抗行为、发生群体性事件时;②需要增派稽查人员援助时。

(1)在稽查执法现场需要相关部门协助处置或需要增派稽查人员援助时,现场指挥长应及时向稽查局应急处置领导小组长(局长)报告,详细说明稽查现场情况,请求援助的部门、人员、车辆等。在援助人员未到达现场之前,应组织好现场稽查人员维持好现场秩序。

(2)在稽查执法过程中,逃费车主(货主)采取过激对抗行为、发生群体性事件时,现场指挥长要当即组织稽查人员尽力维护好稽查车辆及人员的安全,切忌与对方发生肢体接触或言语上的过激行动,诚意地对车主(货主)或代表进行对话、劝说,宣传法律法规,以平息车主(货主)的过激情绪。有人员受伤应采取积极措施进行救护。与此同时应立即向稽查局应急处置领导小组长(局长)报告现场情况。当现场局面得不到有效控制，执法人员、车辆将受到威胁和损害时，应立即报警，等待警方到场处理。

(3)稽查人员应严格执行稽查执法的相关规定，应文明规范用语，切勿有过激的言行发生。

(4)对已停靠路边稽查的逃费车辆，应保证车辆停靠区域的安全，防止发生道路堵塞及交通事故。

(5)通信、安全员要不间断地与稽查局保持联系，等待应急处置领导小组指令。

(6)向相关部门、征稽分局通报逃费车辆的逃逸情况，请求协助稽查或设卡稽查。

八、突发事件应急处置的相关工作

1. 做好突发事件的预防工作。稽查执法工作必须多做调查研究，对管辖区域以及周边情况进行深入细致的调查研究，建立稽查信息情报收集网络和研究应用机制，把工作做在前头。一方面对偷运燃油和违规销售油品行为进行严厉打击，另一方面广泛深入宣传交通规费征收的法律法规，以最大限度减少违规偷运燃油行为和违规销售油品行为的发生，从源头上做好预防工作。

2. 做好应急准备工作。建立突发事件应急处置机制，从上到下形成一套应急处置班子，特别要加强应急通信、调度指挥系统的建设，保证应急处置指令的传达到位。同时，应加强应急物资(包括船艇零配件、救生抢险设备)的准备到位。

3. 做好突发事件应急处置演练。配合海上巡航稽查船艇勤务演练，每年至少组织两次应急演练，训练各级应急处置岗位的应急处置能力和职责的落实。

海上巡航稽查执法应急预案

一、总则

依据国家相关的法律法规和《海南经济特区机动车通行附加费征收管理条例》的规定，常态化开展海上巡航稽查执法工作是净化燃油运输、经营环境的重要措施，更是保证《海南经济特区机动车辆通行附加费征收管理条例》实施必不可少的工作，根据交通规费征稽工作的实际需要及要求，为更加有力地打击非法运输燃油、偷逃规费行为，保证海上巡航稽查执法常态化开展和安全有效地进行，根据国家有关处置突发事件要求，制定本应急预案。

二、应急预案体系与适用范围

海上巡航稽查执法只在规定的海区、海域进行专项工作，本应急预案应为专项应急预案体系；本应急预案适用于稽查局在开展海上巡航稽查执法工作的海区范围，为科学应对、正确处置海上巡航突发事件作出的工作安排。突发事件主要分为两类：(1)因天气、稽查船艇故障造成的突发应急事件。(2)因稽查执法过程中船主(货主)为逃避检查而引发的突发事件。两类突发事件均为专项应急级别。

三、工作原则

本应急预案的工作原则为：坚持"快速反应和科学应对相结合"、"发现、报告、指挥、处置环节紧密衔接"、"及时应对、讲究策略、注意方式、控制事态发展"，确保及时、高效、有序处理的原则。

四、工作目标

处置突发事件应及时、高效、有序地进行，以减少财产损失及人员伤亡，把社会、政治影响降到最低为工作目标。

五、应急组织机构与应急职责

组织机构名称为：稽查局突发事件应急处置领导小组。组长由局长担任，负责突发事件的组织、协调、指挥应急处置工作。副组长由分管副局长、稽查船艇指挥长和船长担任，负责协助局长做好突发事件的预防、应急准备和现场处置等工作，突发事件现场处置由稽查船艇指挥长负责指挥，船长则按岗位职责要求负责船艇安全。

六、应急行动与措施

发生海上巡航执法突发事件时，应即启动稽查局《突发事件应急处置预案》，领导小组成员紧急集合、研究突发事件处置工作，救援车辆、救援设备相应到位，不间断通信、值班人员就位，相关部门进入应急响应，救援人员集结待命。

七、具体措施

1. 突遇天气海况恶劣情况的处置措施。

在海上巡航执法突遇天气、海况恶劣情况发生时，船艇指挥长和船长应沉着、冷静、科学地应对处置突发事件。

(1)船艇稽查指挥长应立即与船长研究、分析天气、海域海况等情况，确定船艇所处海域、方位，并及时向稽查局应急处置领导小组长(局长)汇报现场情况以及处置办法，应急处置领导小组长(局长)根据事件的情况，设法组织其他力量救援，并根据事件发展情况向省局汇报突发事件情况。

(2)利用无线电台或其他通信设备联系气象部门，详细了解当前天气、海况变化趋势，为迅速离开危险海区做好应对准备。

(3)通过海图等资料认真研究附近海区海况，寻找船艇停靠点。当确定可在附近海域停靠船艇时，应立即发出相关指令；迅速组织船艇各岗位人员各司其职，对船艇进行防护措施，确保船艇及人员安全。

(4)船艇无线电操作员(通信、安全员)要不间断地与岸基联系，等待应急处置领导小组指令。

2. 突遇船艇轮机等设备故障的处置措施。

(1)船艇稽查指挥长应立即召集船长、轮机长、大副等岗位人员研究设备故障情况，初步判断设备问题或损坏程度，并研究确定排查修复的处置办法，并组织技术人员抢修。

(2)船艇轮机故障无法修复，船艇无法行驶时，现场指挥长应立即向稽查局应急处置领导小组长(局长)报告实际情况，并请求组织其他船艇进行救援。

(3)船艇无线电操作员(通信、安全员)要不间断地与岸基联系，等待应急处置领导小组指令。

(4)稽查局应急处置领导小组长(局长)确定将故障船艇拖运至安全口岸进行修复时，现场指挥长和船长即组织指挥将故障船艇拖运回港修复。

3. 可疑船艇拒绝停船检查或开船逃逸的处置措施。

在稽查执法过程中可疑船艇拒绝停船或开船逃逸时，现场指挥长应采取的措施。

(1)应制止强行追缉，避免发生重大海上交通事故。

(2)采取有效措施对逃逸船艇进行跟踪，稽查管理收集(影像证据等)逃逸船艇的逃逸证据以及相关证据，并及时与边防派出所等协查单位取得联系，请求对逃逸船艇在相关海域进行协查。

(3)与相关区域征稽分局联系,请求组织稽查力量对其所靠口岸进行及时布控稽查。

(4)向稽查局应急处置领导小组长(局长)汇报相关情况。

(5)船艇无线电操作员(通信、安全员)要不间断地与岸基联系,等待应急处置领导小组指令。

4.海上稽查执法现场出现船主(货主)采取过激行动对抗稽查或需要增派稽查力量的处置措施。

(1)现场指挥长应及时向稽查局应急处置领导小组长(局长)报告,详细说明现场稽查情况,并请求援助的部门、人员、船艇等。领导小组长(局长)应根据事件发展情况,立即与边防海事海警取得联系,争取他们的支援,并向省局汇报相关情况。

(2)在援助力量未到达现场之前,现场指挥长应以"讲究策略、注意方式、控制事态发展"的方式,组织好现场稽查人员维持现场秩序,特别是要保证稽查人员人身安全前提下,收集证据材料(影像证据材料等),有针对性进行工作,如有人员受伤应即时组织救治。

(3)船艇无线电操作员(通信、安全员)要不间断地与岸基联系,等待应急处置领导小组指令。

八、突发事件应急处置的相关工作

1.做好突发事件的预防工作。海上巡航稽查执法工作必须多做调查研究,对管辖海区、海域以及周边情况进行深入细致的调查研究,建立稽查信息情报收集网络和研究应用机制,把工作做在前头。一方面对偷运燃油和违规销售油品行为进行严厉打击。另一方面广泛深入宣传交通规费征收的法律法规,以最大限度减少违规偷运燃油行为和违规销售油品行为的发生,从源头上做好预防工作。

2.做好应急准备工作。建立突发事件应急处置机制,形成一个从上到下的应急处置班子,特别要加强应急通信、调度指挥系统的建设,保证应急处置指令的传达到位。同时,应加强应急物资(包括船艇零配件、救生抢险设备)的准备到位。

3.做好突发事件应急处置演练。配合海上巡航稽查船艇勤务演练,每年至少组织两次应急演练,训练各级应急处置岗位的应急处置能力和职责的落实。

(十)稽查执法制度建设

稽查执法制度建设包括行政执法督察管理规定,稽查局保密工作制度和稽查舰艇勤务管理规定。

稽查局行政执法督察管理暂行规定

第一条 根据《中华人民共和国行政处罚法》、交通部《交通行政执法监督规定》及其他有关规定,制定本规定。

第二条 本规定所称"行政执法督察"是指稽查局行使对全省征稽分局,以及港口、码头征费窗口等岗位履行征稽职能、行使职权,行政执法的情况进行执法监督检查的工作。

第三条 行政执法督察工作必须遵循“依法依规、令行禁止、实事求是、有错必纠必究”原则。

第四条 稽查局建立行政执法督察队伍，在稽查局局长授权和直接管理下，具体履行行政执法督察职责，对省交通规费征稽局主要领导负责。

第五条 行政执法督察队伍在稽查中队的基础上组建，名称为：海南省交通规费征稽行政执法督察队，设队长一名，副队长一名，督察管理员 5 至 9 名。

第六条 督察管理员应当具备下列条件。

（一）政治合格、作风优良、政策水平较高，坚持原则，忠于职守，清正廉洁的稽查管理员，并具有两年以上交通规费稽查执法工作经历和较强的组织管理能力；

（二）具有大专以上学历，精通法律知识、行政法规、交通规费征稽法规，以及行政执法专业知识；

（三）经过专门培训并经考试、考核合格；

（四）必须由本人书面提出申请。

第七条 行政执法督察队的职责。

（一）制定执法督察工作制度和工作方案；

（二）负责对全省交通征稽执法单位及其执法人员的执法行为和执法标志、标识的使用进行监督；

（三）负责对全省交通征稽执法、港口、码头收费窗口工作人员的仪容风纪进行日常监督；

（四）负责对执行交通征稽行政法规情况、执法程序的监督检查；

（五）负责对交通征稽行政处罚案件质量的监督检查；

（六）负责交通征稽行政执法的投诉举报受理及调查工作；

（七）按照管理权限对违反本规定的单位（部门）及人员作出督察意见或拟定处理意见；

（八）负责办理上级和省征稽局主要领导督办的督察事项。

第八条 行政执法督察队负责对下列事项进行监督检查。

（一）是否严格执行省局有关执法和收费工作规范；

（二）行政行为是否符合法定权限；

（三）行政行为是否符合法定程序；

（四）行政处罚决定是否合法、公正；

（五）是否存在乱收费、乱罚款行为；

（六）是否按照省局规定的时间和路线上路稽查；

（七）是否违反路查路检的政策规定；

（八）是否使用统一的执法文书和票据；

（九）是否持证上岗、着装规范、举止端庄、语言文明；在执法岗位工作时是否违反禁酒令；

（十）使用执法标志、标志是否符合管理规定；

（十一）是否存在接受管理单位（当事人）宴请及收受礼品、礼金现象；

（十二）是否配合督察人员执行职务；

（十三）其他应当督察的内容。

第九条 督察人员在执行督察任务时不得少于两人。但督察人员在日常生活和工作中发现有违反本规定的,应当及时向领导报告,并履行督察职责。

第十条 根据工作需要,执法督察可以采取明察和暗访两种形式。执行明察任务时,督察人员可以着制式服装或便装,但必须出示证件,亮明身份;进行暗访时,应当着便装。

第十一条 根据督察任务需要,执法督察可以采取跟随督察、专项督察、重点督察等不同方式。

第十二条 督察人员可以通过录音、摄影、摄像以及调阅执法案卷、质询、检查等手段获取信息和证据。

第十三条 被督察的单位和人员应当根据督察人员的要求,提供真实的资料和情况,并如实回答提出的问题。

第十四条 督察人员执行督察公务时,被督察单位和人员应当接受和配合,并有义务为实施督察提供便利条件。任何单位和个人不得以任何方式对抗和阻挠督察人员执行公务。

第十五条 执法督察队或督察人员在执行公务中发现有违反本规定的,应当按照本规定第十六条、第十七条、第十八条、第十九条、第二十条、第二十一条的规定作出处理,同时填写执法督察记录。

第十六条 执法督察人员执行督察公务时,发现执法和征稽窗口工作人员有下列情形之一的,应当予以训诫并当场纠正:

(一)不按规定着制式服装的;

(二)上岗时着装不整、行为不规范、语言不文明的;

(三)穿着制式服装在公共场所举止不端的;

(四)其他有损交通征稽形象的行为。

第十七条 执法督察人员执行督察公务时,发现执法人员有下列情形之一的,应当予以训诫并当场纠正,扣留其相关证件,发出《执法督察通知书》,责令有关责任人员在规定的时间和地点接受调查处理:

(一)在工作日内饮酒或着执法制式服装在公共场所饮酒的;

(二)着执法制式服装进入娱乐场所的;

(三)接受管理单位(当事人)宴请或收受管理相对人礼品、礼金的;

(四)不按照规定的时间和路线上路稽查的;

(五)违反路查路检政策规定的;

(六)乱收费、乱罚款的;

(七)不配合督察人员执行公务的;

(八)其他违规违纪行为的。

第十八条 执法督察人员执行公务时,发现下列情形之一的,应当扣留车辆,下达《执法督察通知书》,责令有关责任人员在规定的时间和地点接受调查处理:

(一)酒后驾车的;

(二)将执法专用车辆或者带有交通征稽标志的车辆停放于餐饮、娱乐等非工作场所的;

(三)使用执法专用车辆从事与工作无关的其他活动的;

（四）不按规定使用示警灯、警报器的；

（五）不随车携带执法专用车使用证的；

（六）擅自喷涂、装置交通征稽执法标志、标识的。

第十九条 督察人员执行公务时，发现被督察单位和人员有下列情形之一的，应当当场纠正或者撤销其具体行政行为：

（一）作出具体行政行为超越法定权限的；

（二）作出具体行政行为违反法定程序的；

（三）不使用统一的执法文书或票据的。

第二十条 督察人员发现执法单位有下列情形之一的，执法督察队可以作出暂停该单位上路稽查、进行学习整顿的督察决定，报主管领导批准后执行。

（一）出现公路“三乱”问题的；

（二）屡次违反稽查工作规定的；

（三）被新闻媒体曝光且查证属实的。

第二十一条 督察人员执行公务时，发现执法和港口码头征稽窗口工作人员有下列情形之一的，可以将其带离现场，并发出《执法督察通知书》，责令有关责任人员在规定时间和地点接受调查处理：

（一）执法人员和港口码头征稽窗口工作人员不持证上岗的；

（二）正在发生的、在社会上造成恶劣影响的违规违纪行为的；

（三）对抗、阻挠督察人员执行公务的。

第二十二条 依据本规定第十七条、第十八条、第二十一条的规定，有关责任人员在指定时间和地点接受调查后，执法督察队应当依据国家法律法规和省局有关规定拟定《执法督察决定书》，必要时会同纪检、监察、人事等部门共同拟定，报省局主管领导或主要领导批准后，按法定程序执行。

第二十三条 被督察单位和人员有下列情形之一的，给予或建议给予单位主管领导、主要领导和直接责任人党纪、政纪处分或者辞退：

（一）武力对抗督察人员执行公务的；

（二）打击、报复督察人员或举报群众的。

第二十四条 执法或港口码头征稽窗口工作人员一年内有两次以上违规记录的，取消本年度执法或收费资格；一年内有3次以上违规记录的，收回执法或收费证件，由所属单位安排转岗。单位一年内被通报批评两次以上或者被媒体曝光且查证属实的，以及5人以上有违规记录的，取消一切评先资格。

第二十五条 被督察单位对稽查局下达的《执法督察决定书》，应当在规定的时间内反馈落实结果。

第二十六条 被督察单位和人员对督察处理不服的，可在督察人员作出处理或者收到《执法督察决定书》之日起3日内，提交书面复核申请。执法督察队或者纪检、监察部门应当在5日内作出复核决定。对复核决定仍不服的，可向上级有关部门申诉处理。

第二十七条 执法督察队应当定期向省征稽局领导或者省局局务会议汇报工作，督察结果定期在全系统通报。

第二十八条 执法督察队应当加强对督察人员的教育和培训，自觉接受监督。

督察人员有玩忽职守、徇私舞弊、滥用职权行为的,给予党纪、政纪处分或者调离岗位直至辞退。

第二十九条 全省征稽分局应当依据本规定要求,制定相应的督察制度,并逐步建立专职的执法督察队伍。

第三十条 本办法自二○一三年十月一日起施行。

第三十一条 本规定由稽查局负责解释。

稽查局保密工作制度

根据征稽业务工作的需要,为了规范干部职工的日常保密工作行为,特制定本制度。

1. 遵守保密规定,是我们的义务和职责,也是履行征稽职责的具体体现,保守国家、单位机密人人有责;

2. 稽查局的电话记录本、车辆查扣凭证表、征费档案文件、征稽系统的内部信息资料、稽查信息情报等都是单位机密,人人都有责任加以保护,非稽查局干部职工不能随便查阅,需要调、查阅须办理调、查阅手续,并按程序批准后,方可查阅;

3. 受理投诉(举报)件时,受理人应按规定流程做好相关记录及报告工作,不得泄露投诉(举报)内容和投诉(举报)人信息内容;

4. 任何个人不得泄露稽查执法行动方案设定的稽查执法行动时间、地点、参加稽查执法人员情况等内容;

5. 行政管理员不能私自借阅不得向社会公开的机密材料,如需借阅,须经稽查局主管领导批准,并在指定地点内查阅,不准私自带出指定地点,不准摘抄,档案管理人员未经批准,不得擅自扩大信息资料利用范围,以确保档案的安全;

6. 不执行保密制度造成单位机密泄露者,根据情节轻重,进行警告、扣除绩效处分或上报上级追究相关责任,造成重大影响、重大损失的则追究其法律责任。

稽查船艇勤务管理规定

第一条 任务

海南交通规费稽查船艇的主要任务是:在海南省沿海海区海域进行巡逻,对进入海南省的汽油运输船舶进行监督检查。检查汽油运输船舶是否遵照《海南经济特区机动车辆通行附加费征收管理条例》规定,开具并携带汽油运输相关材料。

第二条 组织领导

交通规费稽查船艇管理实行局长负责制,在稽查船艇出海执行勤务时,出任巡航指挥长(如副局长带队出海执行勤务时,由副局长任巡航指挥长)。船艇日常勤务工作和训练由船长、稽查中队长共同组织,并对其工作负责。

第三条 船艇部署

船艇必须制定严密的部署计划、并编制部署表,以保证执勤工作迅速、准确、有条不紊的实施。船艇部署分为日常部署和执勤部署。

日常部署表有:职掌部署表,机械检查部署表,扫除部署表,离靠码头部署表,防热带风暴部署表,船员分区列队部署表。

执勤部署表有:执勤准备部署表,备勤备航部署表,损害管制部署表和跳帮部署表。

第四条　船艇文书

船艇文书必须专人负责保管,及时准确填写。由稽查局局长保管的文书有船艇履历书,船艇技术性能经历薄,船艇检修计划登记簿等;由船长负责保管和登记的文书有航海日志;由稽查中队长(船艇值日)负责保管和登记的文书有航泊日志。

第五条　船艇岗位人员职责

巡航指挥长职责:对船艇管理、航行、勤务、安全工作负责。平时必须加强法律、业务和船艇指挥知识、海图知识的学习,熟悉船艇结构和技术性能,熟悉辖区海域情况,分析研究海上偷逃通行附加费等违法行为的特点,不断提升指挥水平。

船长职责:负责船艇岗位人员(如甲板部大副、无线电台操作员,轮机部轮机长等岗位人员)的管理工作,负责船艇设备器材、资产和技术性能等的管理。制定船艇的日常部署表并负责填写航海日志、编制船艇日常部署表。

稽查中队长职责:负责稽查人员,以及稽查执法、巡航勤务训练的实施及管理,带领稽查员实施稽查业务。编制管理工作和执勤部署表。

船艇岗位工作人员职责:对职掌的工作和设备器材等负责。发扬艰苦奋斗的作风,爱护船艇、装备和技术器材。坚决服从命令,严格执行各项规章制度。努力学习船艇技术、科学文化知识,努力提升船艇管理水平。

第六条　值班勤务

为加强船艇管理,确保船艇安全,实施严密的值班勤务制度,提高船艇快速反应能力。

值班人员职责:(1)加强对海面、水下及船艇周围的观察,及时发现并报告危及船艇安全的各种情况,保证船艇内外的通信联络。(2)维护保养船艇的设备,维护船艇内外的整洁和秩序。(3)随时掌握船艇所处状态,检查水密门、舱口、舷窗是否按规定开关。(4)提高警惕,严守岗位,认真履行职责,不准进行有碍值班的活动,不得擅离职守。(5)注意驶近的船只,及时发现上报危及船艇安全的情况,迅速处置。(6)涨退潮时注意系缆的安全情况,及时调整缆绳。

第七条　船艇生活管理

船艇要求每日进行小扫除,每周进行大扫除。小扫除有下列工作:清除甲板、上层建筑物的赃物和积水,擦拭装备、器材的外部,清扫舱室,进行通风。大扫除有下列工作:冲刷上甲板、船舷、上层建筑物、栏杆、桅杆、舷梯、摩托艇,清扫舱室,擦拭装备、技术器材的外部,润滑和转动机械,检查电气设备绝缘,对住舱、公共场所和个人物品进行消毒和灭虫。

船艇行动规则:

一、非本船艇人员未经船长或中队长批准,禁止进入船艇。

二、禁止坐、踏在机械仪器的外壳、设备和系柱上。

三、禁止使用煤(柴、汽)油炉、电炉,不得私接电源。

四、禁止将工具、材料、衣服和生活用品等放在机器、电热器、传动装置、管路等附近。不准在电缆和开头阀盘上悬挂物品。

五、禁止在机舱、住舱吸烟;烟头、烟灰等应置于装水的容器内。

六、禁止在船艇上饲养动物和种植植物。

七、值勤人员禁止饮酒。

八、不准倚坐船舷、栏杆和擅自爬桅杆。

九、严格遵守港口防污规定,禁止向港内倾倒垃圾、杂物和污水、废油。

十、不准将救生、损管器材和救护用品挪作他用。

十一、船艇人员在船上的行动方向是:向船首走右舷,向船尾走左舷,上下舱口应先上后下。

十二、不准随意增加、拆除、移动和改变住舱内电灯等设备,禁止在舱壁上打洞、切割、钉钉子。

十三、不准在甲板上堆放杂物。船艇上的缆索、清洁工具和和各种物品,整齐地放置在规定的位置。

第八条　船艇技术管理

实行科学管理,使用和维护保养船艇及其装备、技术器材,使之处于良好状态,充分发挥其技术性能,延长使用寿命,提高船艇在航率,保证海上勤务、训练等任务的完成。

当船艇处于下列任何一种情况时,必须排除故障后方能执行任务,紧迫情况下,则应酌情降低技术性能使用,并制定安全措施:

一、船艇体水密性受损害影响不沉性。

二、主动力装置或保安装置,主要阀门、仪表、换车装置、离合器、减速器、冷却器等重要附属装置有故障。

三、主要辅机有故障,且影响主动力装置的安全。

四、发电机不能使用。

五、舵机或锚机失灵。

六、主要航海仪器、技术观察器材损坏,或海图、航海资料不全或未改正。

七、其他影响航行安全的因素。

八、船艇维修依据生产厂家要求合理安排维修。

九、不准派遣船艇执行拖带任务。

第九条　船艇安全

一、防沉措施

(一)船体、甲板、水密隔墙、水密门、舱口盖、入孔盖、升降口、舷窗、海底门等,均应分工专人管理,定期检查,及时保养,保持良好的水密性。

(二)严禁在船体和水密隔墙及耐压管路、通风管道上钻孔切割。

(三)禁止将导管、电线通过水密门、舱口盖和舷窗。

(四)入孔盖、舷窗的螺栓要保持完整,经常涂油。螺杆损坏或变形弯曲时立即修复或更换。

二、防火措施

(一)在存放以下物品的舱室及通风口附近严禁明火:蓄电池、涂料、油料、帆缆备品、气瓶等。

(二)船艇使用的物品要避免采用易燃材料。木材、棉纱、涂料等不应放置在温度高的舱室内,个人不得存放易燃、易爆物品。

(三)严禁向舷外排出燃油、滑油及其他油料,防止水面起火和污染。

三、电气设备管理规定：

（一）电气设备要保持绝缘，及时消除不正常火花。

（二）不准任意驾设电线，不准使用不规格的电线、保险装置和电气设备。

（三）不准在电气设备上烘烤、挂放易燃和金属制品。

（四）使用电暖、空调等电器的舱室，在人员离开时必须断开电源。

四、防热带风暴规定：

船艇进入防热带风暴准备时，船艇全体人员24小时待命进入防风准备。

（一）及时收听、标绘风暴情况，补充油水，储备食品。

（二）保证系缆和系留设备完好可靠，锚、锚链、锚机及其附属设备处于良好状态。

（三）备好损害管制器材和通信器材，制定通信器材故障时的联络方法。检查并完善保障人员安全的各种措施。

（四）靠码头防风时，检查船艇和码头系留设备，注意调整和加固系缆、碰垫，不断观测水位，并做好应急离码头的准备。

（五）抛锚和系水鼓时，要不断检查锚链和系缆，备好主机和锚机。必要时开车顶风，并经常检查船位。

第十条 船艇勤务

一、勤务准备

船艇中队长受领勤务任务后，统筹安排各项准备工作。

（一）认真领会上级下达的勤务任务意图，研究辖区社情和海区条件，提出行动预案。

（二）做好政治思想动员工作。

（三）领取各种物资，备品、配件、油水等物资装备。

（四）检查、校正装备、通信等技术器材，备齐执勤证件和航海资料，备齐损害管制设备、拖带、救生和防护器材。

（五）保持随时出航准备。

二、船艇指挥权限

（一）船艇指挥权属于稽查局局长。遇重要稽查行动局领导应实时向省局主要领导报告。遇紧急情况时，边行动边报告。

（二）船艇只能在规定辖区内执行勤务，超越辖区必须报省局主要领导批准。

三、保障勤务隐蔽性

（一）利用夜间或其他条件隐蔽进行执勤准备。

（二）控制灯光和音响信号的使用。

（三）严格控制通信设备及无线电器材的使用。

（四）加强反侦察、反情报、反跟踪的措施。

四、稽查执法查扣勤务

（一）发现可疑船只后，发布执勤警报，开启警灯，全体稽查人员做好执勤准备，稽查人员穿着制服、救生衣等，佩戴好执勤证件，等待跳帮命令，随时准备跳帮。

（二）对可疑船员喊话，申明稽查执法身份，依据《海南经济特区机动车辆通行附加费征收管理条例》规定，现对你船进行检查，请停船接受检查。必须连续喊话三次以上。

（三）可疑船只停船后由指挥长发布跳帮命令，依次组织跳帮。稽查人员登船、出示证件，并对船舶进行检查。

（四）检查船舶是否存在运输汽油行为，如发现运输汽油，检查是否携带征稽机构开具的相关资料，未携带相关资料的，依据《条例》第三十五条处以罚款，非法运输汽油的船舶暂扣处理，出具暂扣凭证，带回稽查局交由局征收股处理。

第四章　加油站、油库管理

加油站、油库是为机动车辆提供燃油动力的地方，更是征稽工作的重点，为加强对全省各油库和加油站的管理，本章以加油站及油库管理为主线，阐述加油站、油库管理工作流程及相关工作。

一　加油站管理

（一）加油站计量业务管理（量油）流程图（图4-1）

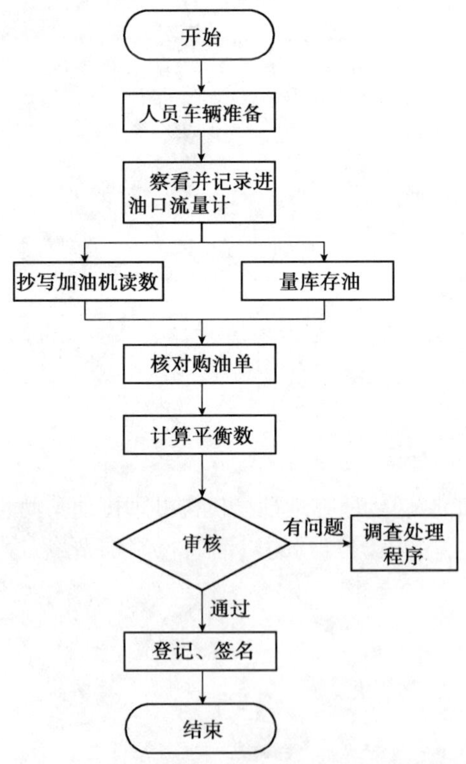

图4-1　加油站计量业务管理（量油）流程图

（二）征稽登记证年度换证（年审）业务办理流程图（图4-2）

年审所需材料内容：

1.《海南经济特区机动车辆通行附加费征稽登记证申请审批表》一式三份；

2. 原核发的《海南经济特区机动车辆通行附加费征稽登记证》；

3.《营业执照》原件及复印件（盖章）；

4.《卧式金属罐容积表》原件及复印件（盖章）。

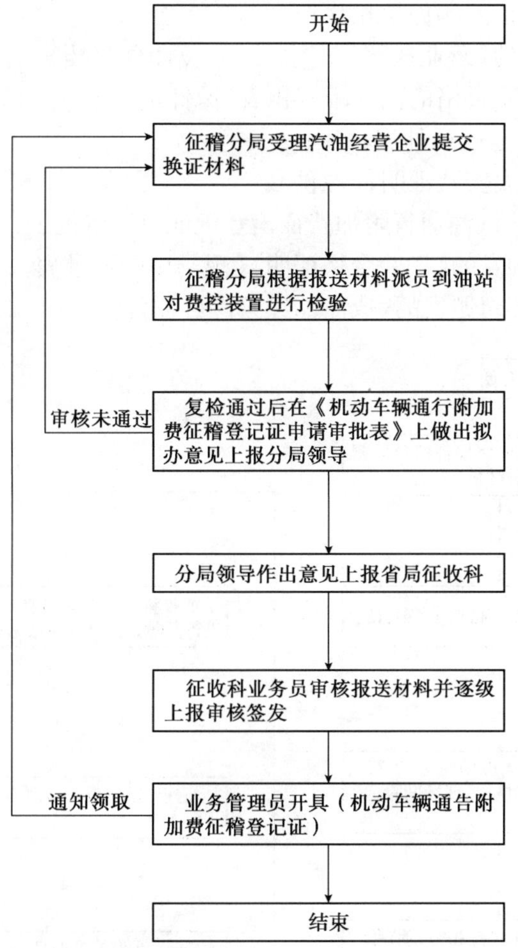

图 4-2　征稽登记证年度换证业务办理流程图

（三）加油站购油票据管理工作

（1）汽油零售企业（加油站）到所在地征稽机构办理机动车辆通行附加费缴费手续。

（2）汽油零售企业持征稽机构开具的汽油通行附加费缴款书到油库购油。

（3）汽油零售企业持油库开具的《汽油运输专用凭证》运输汽油回加油站经营。

（4）辖地征稽分局人员到加油站进行计量管理，以《汽油运输专用凭证》第四联回征稽分局进行汽油核销。

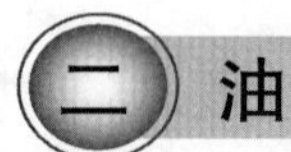

二　油库管理

（一）新建加油站、油库业务办理流程图（图 4-3）

办理新建加油站、油库业务提供的材料：

1. 汽油经营企业的书面申请(原件);
2. 油站(油库)平面设计图和效果图(原件);
3. 油站(油库)管道布置图(原件);
4. 法人代表身份证复印件及相片;
5. 工商部门核发的《营业执照》(原件审核,复印件存档);
6. 省计量部门检测合格的汽油罐容积表(原件审核,复印件存档,有效期内);
7. 加油站(油库)建成后外貌相片;
8. 进油口流量计表安装证明;(原件);
9.《海南经济特区汽油通行附加费征稽登记证申请审批表》一式三份;
10. 省征稽机构颁发的《勘验合格证明》(现场勘验记录表);
11. 省商务主管部门颁发的《成品油经营许可证》。

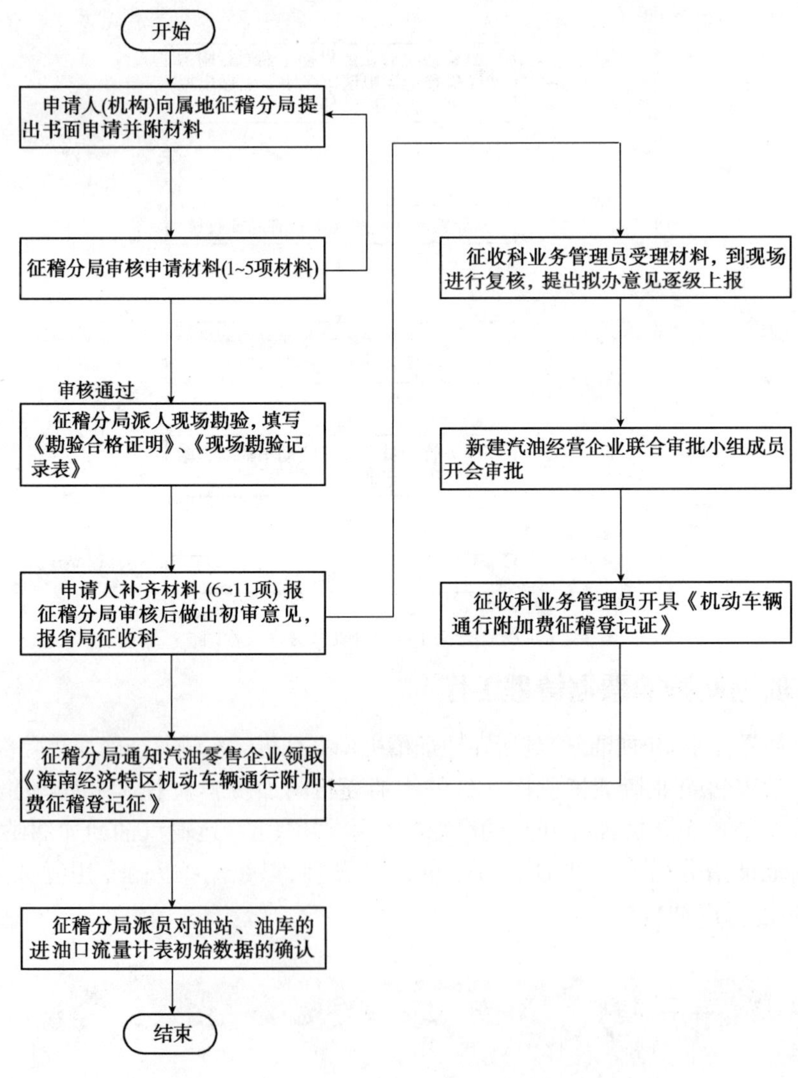

图4-3　新建加油站、油库业务办理流程图

(二)汽油批发企业购进或调拨(出库)业务工作流程图(图4-4)

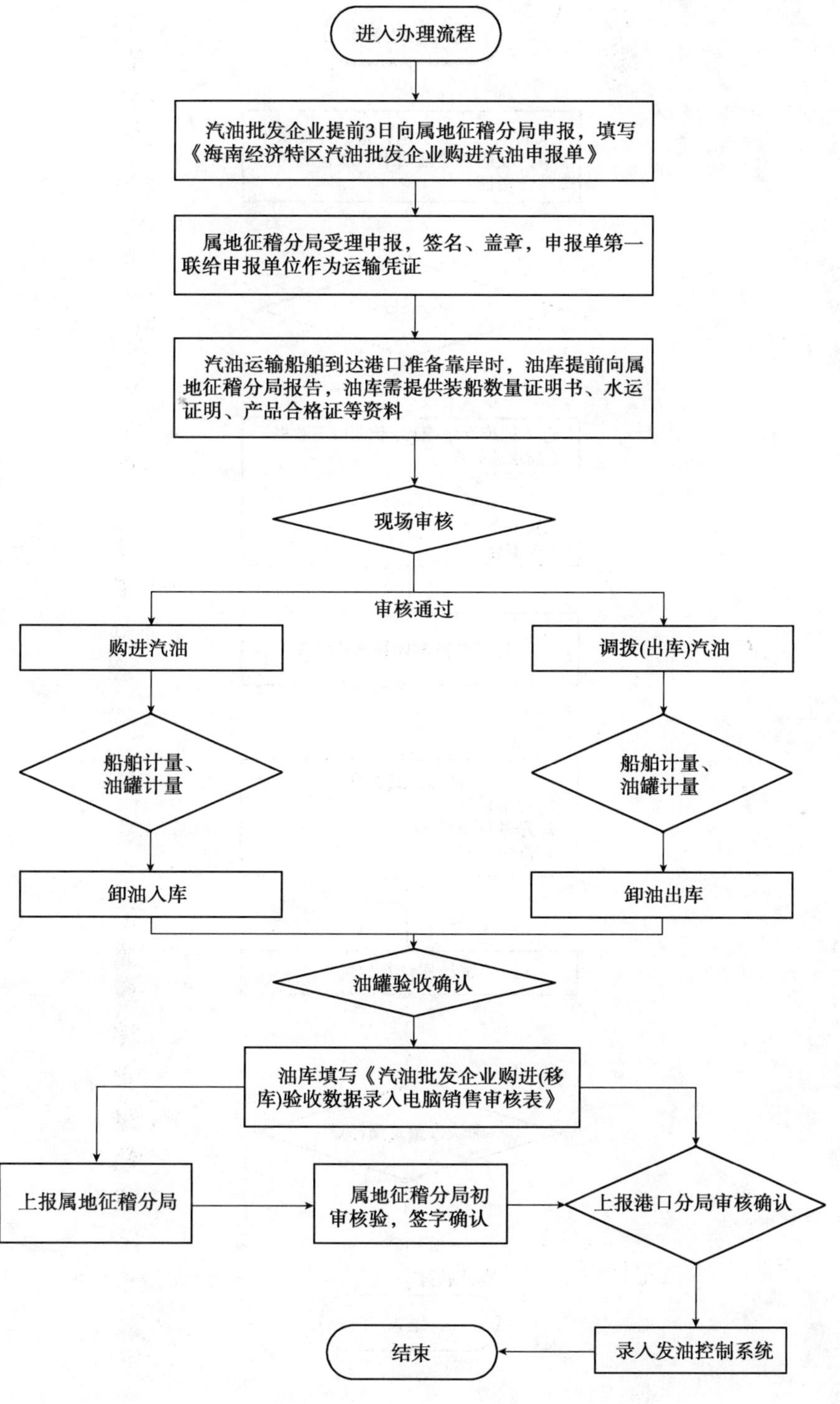

图4-4 汽油批发企业购进或调拨(出库)业务工作流程图

(三)油船计量工作流程图(图 4-5)

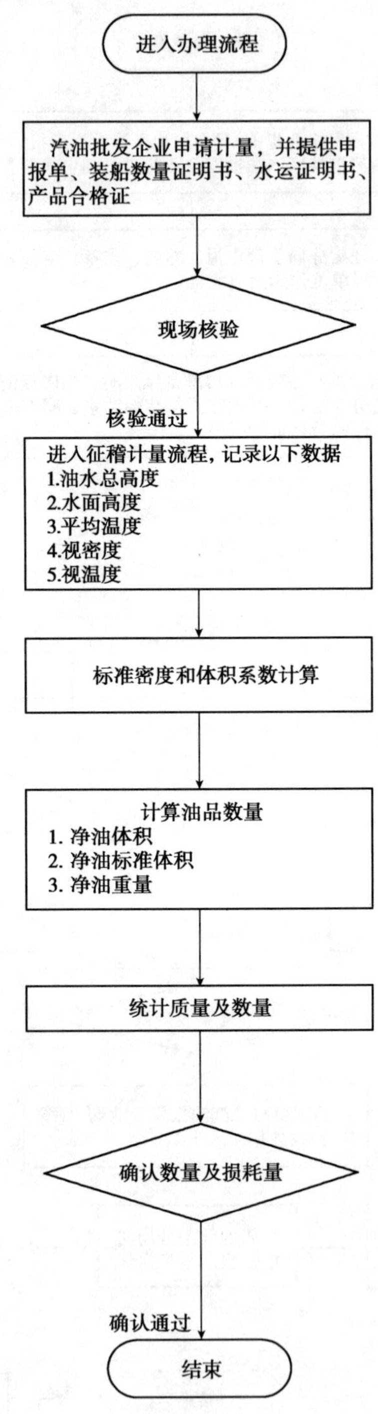

图 4-5　油船计量工作流程图

（四）油罐计量工作流程图（图4-6）

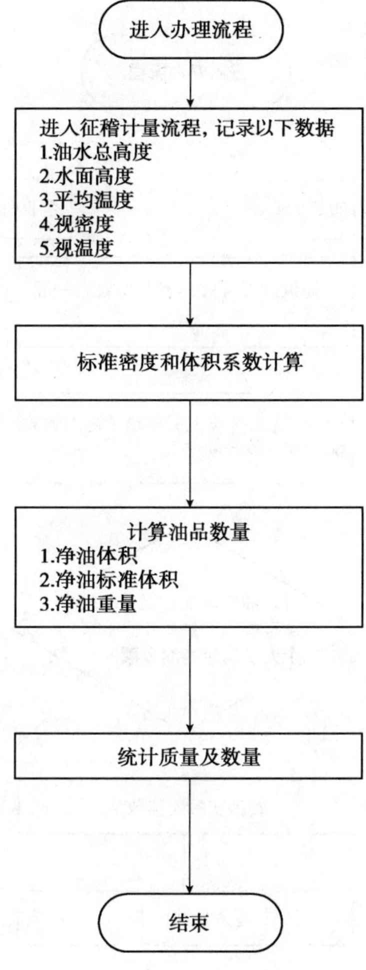

图4-6　油罐计量工作流程图

(五)汽油销售出库业务工作流程图(图4-7)

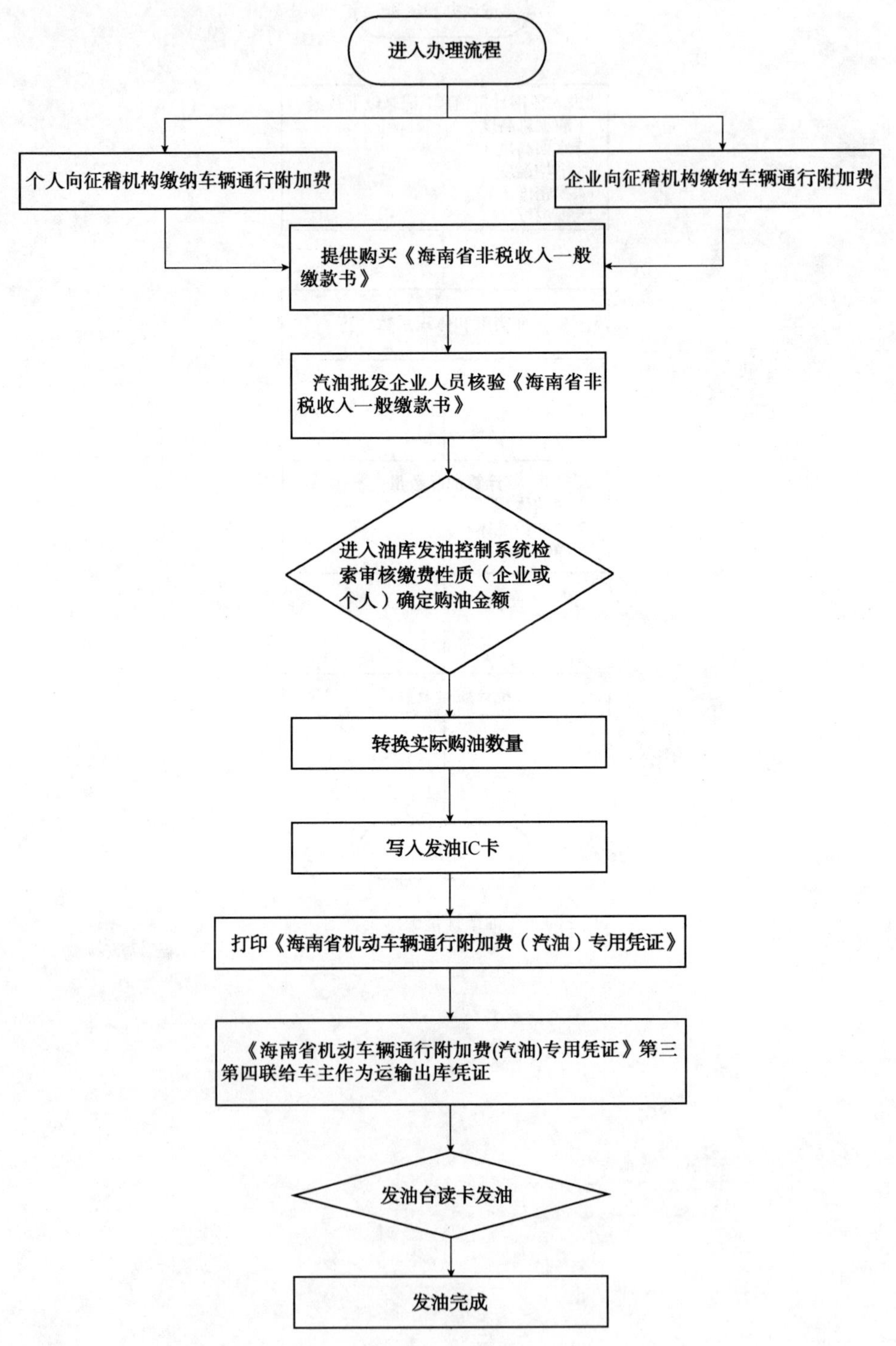

图4-7　汽油销售出库业务工作流程图

（六）油库日常监督管理工作流程图（图 4-8）

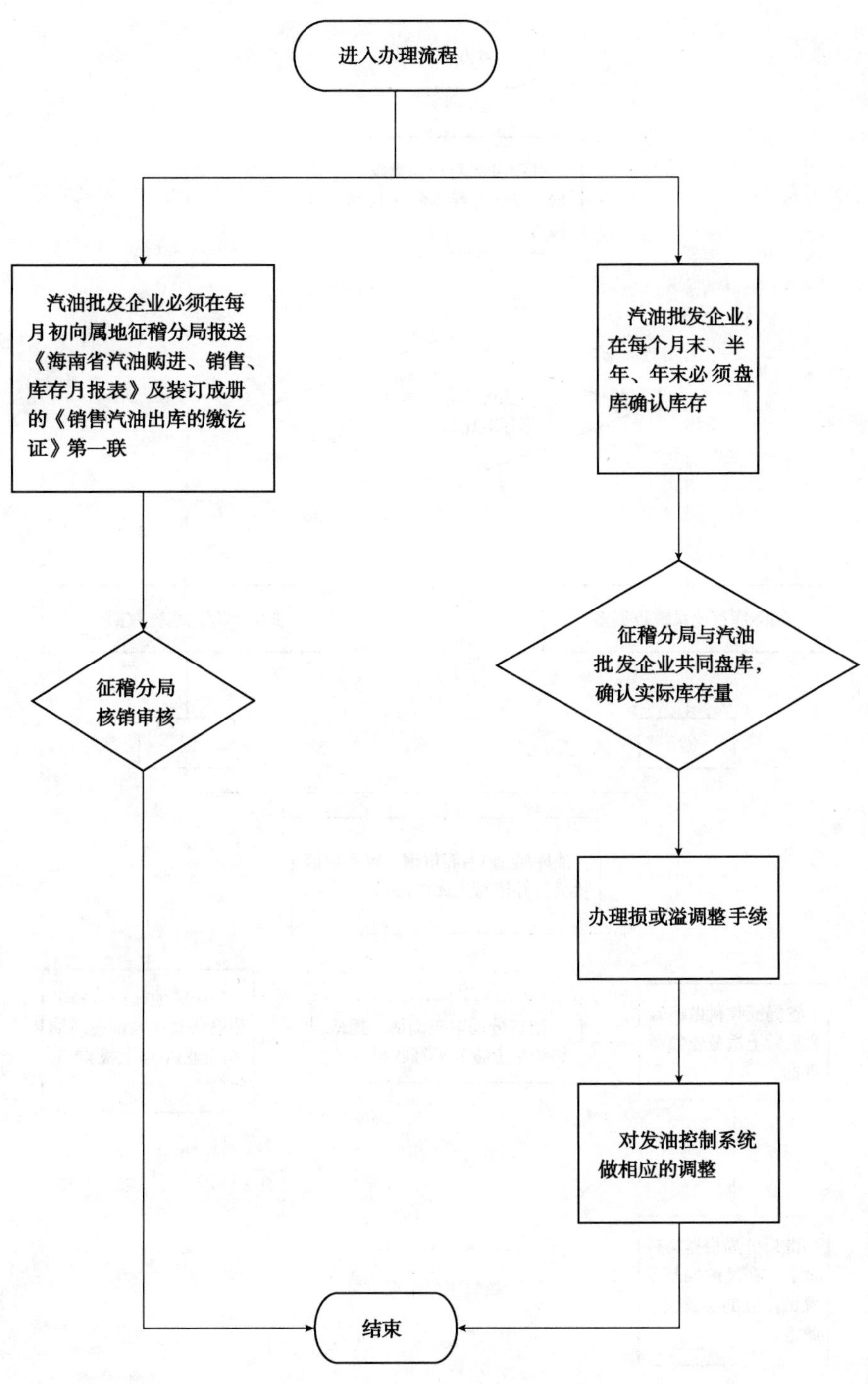

图 4-8　油库日常监督管理工作流程图

（七）油库溢（损）核验工作流程图（图 4-9）

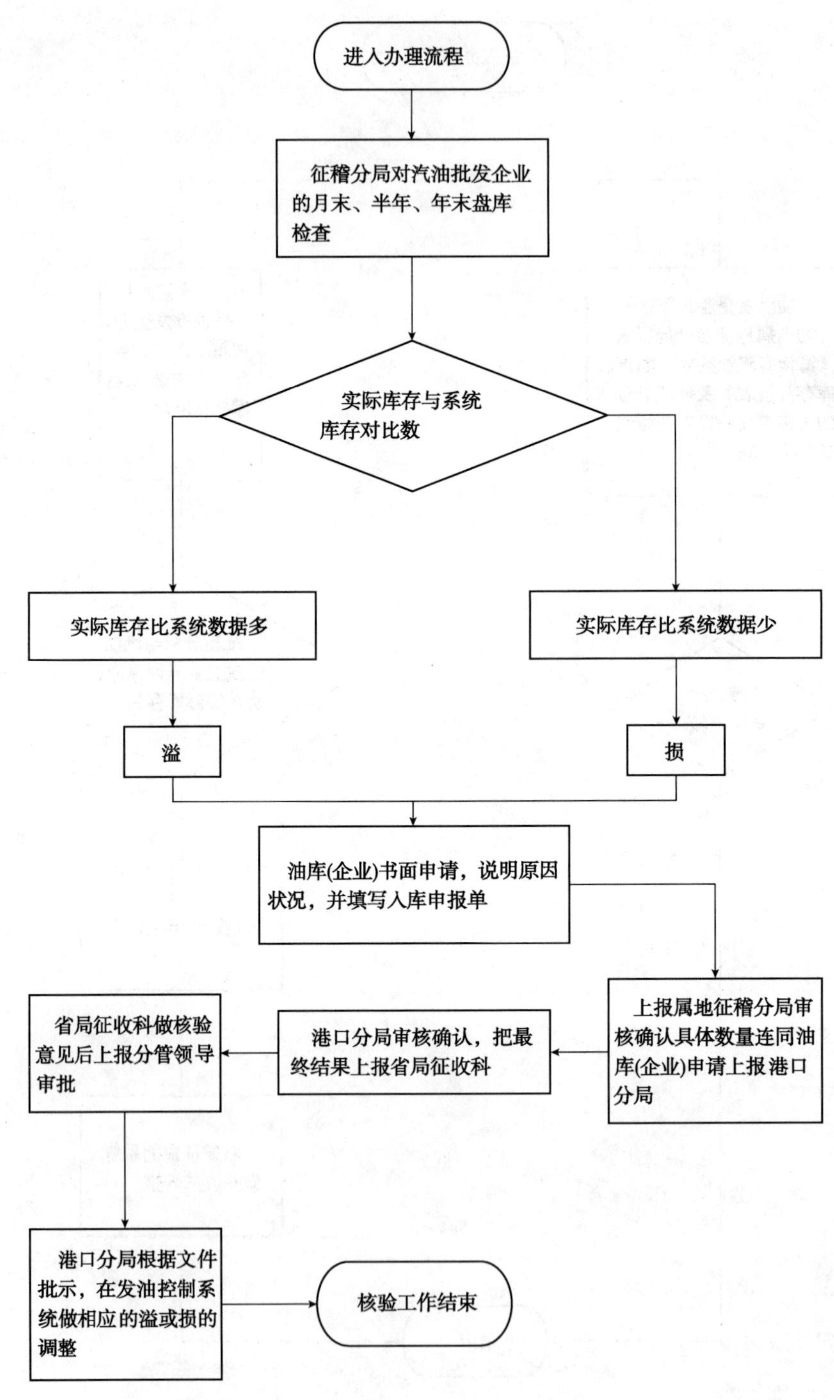

图 4-9　油库溢（损）核验工作流程图

第五章　征稽业务基础工作管理

为更有效、更科学地开展征稽业务工作，本章以“征稽业务监督监控管理、热线电话服务跟踪管理、征稽业务工作调查研究”为主线，阐述征稽业务基础工作的管理。

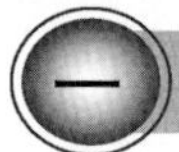

征稽业务监督监控管理

（一）信息中心征稽业务事项（表5-1）

信息中心征稽业务事项一览表　　表5-1

序号	业务事项名称	主 要 内 容	责 任 岗 位	备注
1	热线电话	为拨打热线电话人士提供服务	热线电话管理员 股长	
2	投诉举报	受理投诉举报事项	热线电话管理员 监控股长	
3	实时监控	在征稽实时监控、各市县分局征费大厅监控（含港口岗亭监控）、加油站卸油监控、油罐车GPS监控	监控管理员 监控股长 主任	
4	监控系统安装及管理	各系统网络参数、系统密码设置	技术股长 工程师 技术员	

（二）信息中心岗位管理网络图（图5-1）

（三）信息中心征稽业务监控网络图（图5-2）

（四）信息中心热线电话服务跟踪网络图（图5-3）

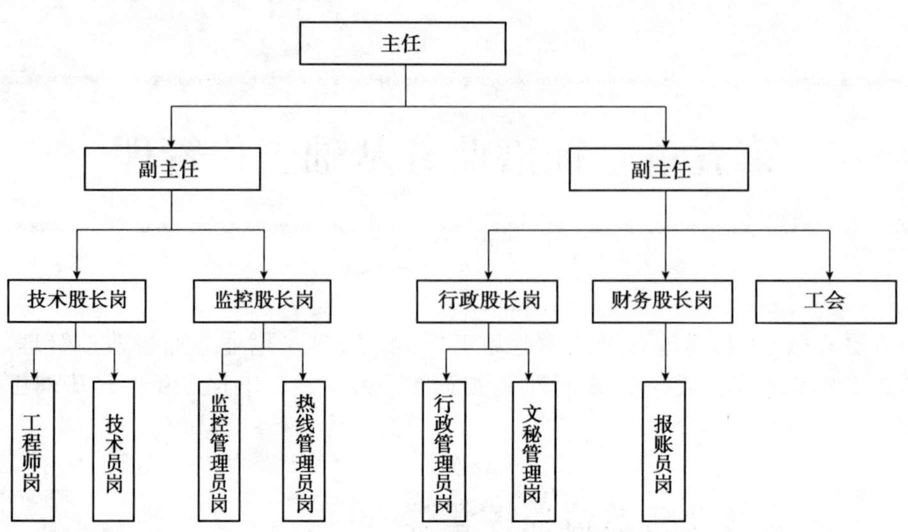

图 5-1 信息中心岗位管理网络图

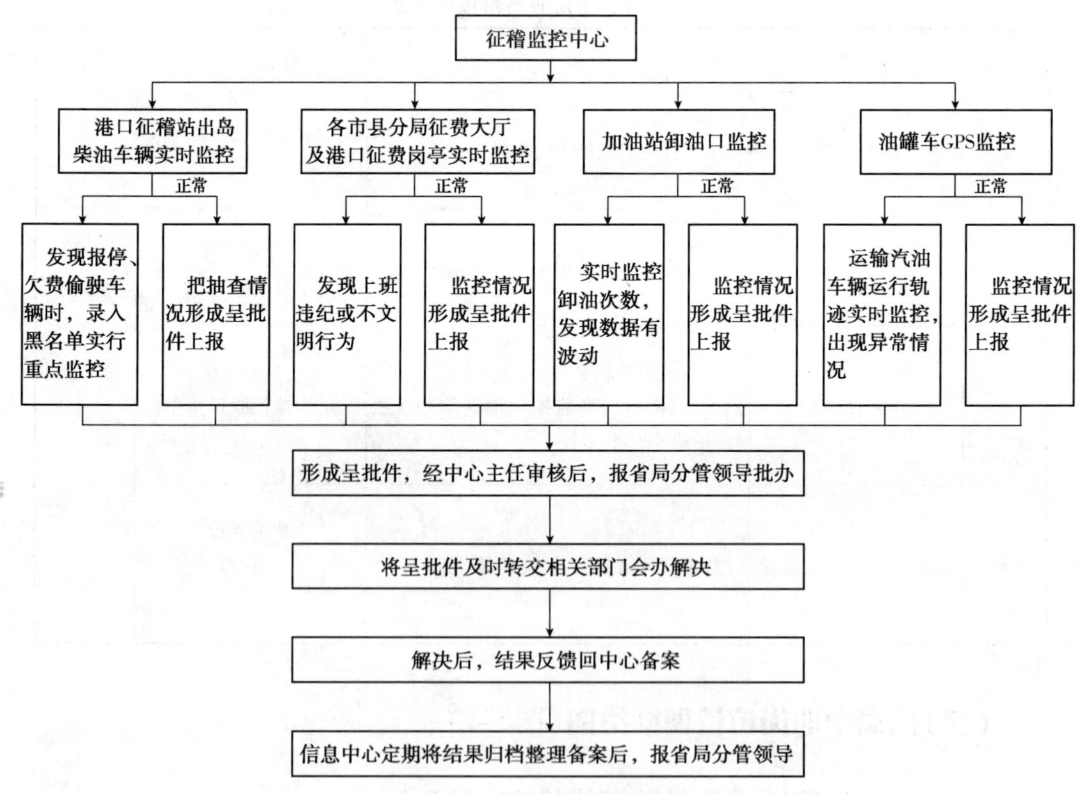

图 5-2 信息中心征稽业务监控网络图

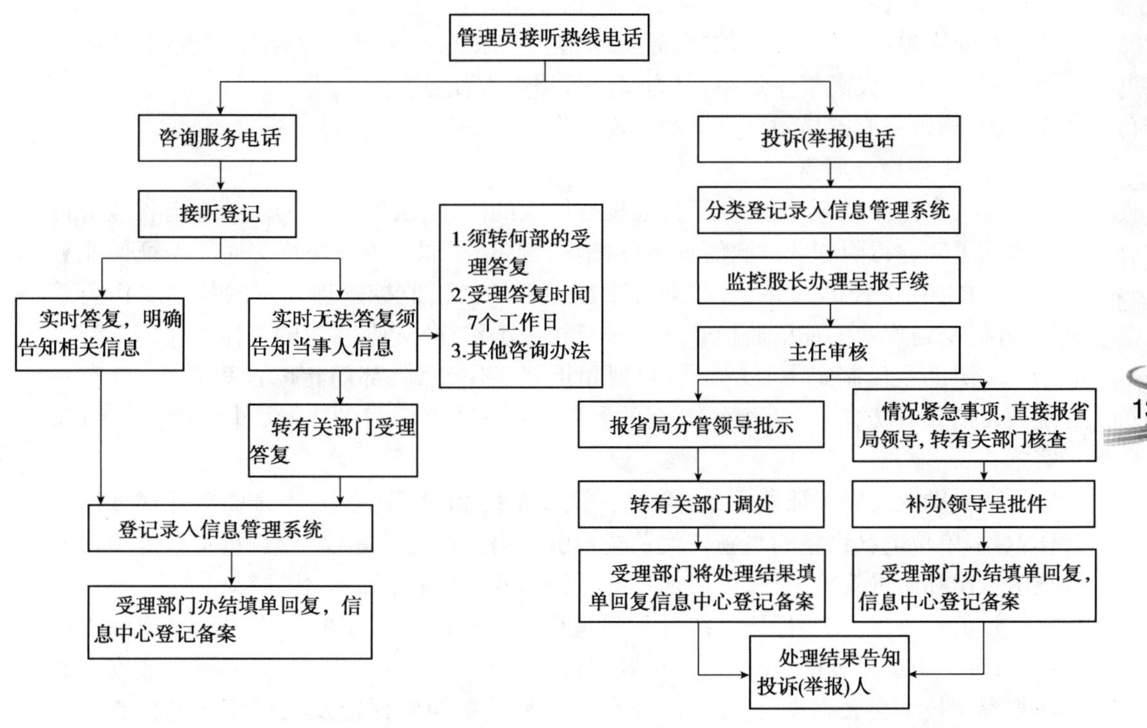

图 5-3　信息中心热线电话服务跟踪网络图

(五)信息中心各岗位职责

海南省交通规费征稽局信息中心根据职能要求设立行政股、技术股、财务股、监控股与工会等部门，并设主任、副主任、工会主席、股长、工程师、技术员、管理员等岗位，根据岗位工作任务要求，制订相应的岗位职责。

【主任岗位职责】

1. 认真宣传、贯彻国家关于交通规费征收的法律、法规，严格执行《海南省经济特区机动车辆通行附加费征收管理条例》有关规定，尽职尽责地履行交通规费征稽业务监督职能，负责全省交通规费的征稽监控管理工作及相关工作，主持信息中心全面工作；

2. 负责研究制定中心的发展规划和年度工作计划、部门年度预算方案。上级下达的计划方案和项目，负责组织实施；

3. 负责省局征费系统、音视频系统和 RFID 系统的日常管理维护工作，并对系统设备的更新换代及技术引进提出可行性建议方案，报请上级批准后组织实施；

4. 负责省局机房的日常管理维护工作；

5. 负责省局热线电话的日常管理工作及投诉举报电话的处置工作；

6. 会同省局技术科做好系统操作人员的培训工作；

7. 参与制订系统建设的设备采购、安装、使用、维护的标准及管理制度，确保系统建设能够满足征稽业务发展的需要，为提高征稽管理水平提供技术支持；

8. 参与制订系统安全及灾害恢复的应急预案，确保系统安全性及灾害恢复的及时性和有效性；

9. 爱岗敬业，尽职尽责，求真务实，开拓创新，遵章守纪，团结带领中心干部职工攻关克难，不断提高工作效率，努力完成各项工作任务；

10. 积极完成省局领导交办的其他工作。

【副主任岗位职责】

1. 认真宣传、贯彻国家关于交通规费征收的法律、法规，严格执行《海南省经济特区机动车辆通行附加费征收管理条例》有关规定，尽职尽责地履行交通规费征稽业务监督职能，在主任的领导下，对全省交通规费的征稽监控管理系统的技术工作负总责，开展交通规费的征稽监控管理工作及相关工作，分管股（室）的具体工作；

2. 协助主任制定中心的发展规划和年度工作计划、部门年度预算方案，负责系统项目的设计方案、施工组织方案的制定，组织系统项目的审核，并协助主任组织实施；

3. 协助主任做好征费系统、全省音视频系统和 RFID 系统等的日常管理维护工作，对本单位电脑设备的更新换代及技术引进提出可行性建议方案；负责系统项目的技术工作和质量管理工作，以实现系统项目的效果（效益）最大化目标；

4. 负责监督、指导征稽系统各部门执行计算机网络系统的使用注意事项和操作规程；负责组织工程师、技术员向现场项目施工负责人、施工员进行环境、职业安全健康教育及技术交底工作；负责组织项目的工程质量检验评定及工程项目的检验与验收工作；

5. 负责监督本单位系统设备的安装、维修及管理工作，及时组织排除系统设备故障，维修更换损坏的零件，以确保系统设备的正常运行；

6. 负责干部职工岗位技术培训工作，并负责提供系统的使用和相关技术咨询；根据征稽业务发展和计算机使用单位（部门）的要求，组织计算机功能开发利用研究，不断完善计算机系统的功能，以适应征稽业务工作的需要；

7. 负责组织中心工程项目新技术的采用，组织对采用新技术工程的质量鉴定工作；

8. 爱岗敬业，尽职尽责，求真务实，开拓创新，遵章守纪，团结带领中心干部职工攻关克难，不断提高工作效率，努力完成各项工作任务；

9. 主任授权，代行主任职责；

【技术股长岗位职责】

1. 在主任的主持领导下，负责中心通讯线路、网络设备、各系统运行管理的日常工作，负责各网络安全管理制度的执行落实及用户管理工作；

2. 负责制定由中心负责的系统网络建设和改选方案，办理报批手续和组织实施工作；

3. 负责省局征费系统、音视频监控系统等的运行和维护工作。并负责组织工程技术人员排除各系统运行中出现的故障，保证系统的正常运行，做好系统运行日志，记录系统运行、故障、维护状况等，并建立各系统的运行档案；

4. 协助省局技术科做好新项目的研发工作；

5. 严格遵守保密原则，负责管理中心的网络参数和系统密码，严防机密外泄；

6. 积极完成领导交办的其他工作。

【工程师岗位职责】

1. 在主任、股长的主持领导下，负责中心项目的施工管理工作，确定项目关键工序、组织制定技术施工方案及措施，负责进行技术问题的洽商与核定工作；

2. 负责中心工程项目的质量评定工作，参加项目竣工验收工作；负责组织工程技术资料收集、整理、归档管理工作；

3. 负责各系统的日常维护工作；

4. 严格遵守保密制度，承担维护中心网络参数和系统密码的保密与安全责任；

5. 积极参与中心新项目的推广和应用工作；

6. 负责技术应用与实施的统计、技术进步及评价工作；

7. 积极完成领导交办的其他工作。

【技术员岗位职责】

1. 在股长组织领导下，负责中心通讯线路、网络设备和各系统的故障排查工作；

2. 负责编制项目建设进度计划，负责监督、考核，项目竣工资料的整理装订、归档与交工工作；

3. 在项目施工中，监督施工方案、措施的实施，发现问题及时处理解决，确保项目如期实施；

4. 负责中心月度计划的编制工作；

5. 严格遵守保密制度，承担维护中心网络参数和系统密码的保密与安全责任；

6. 积极完成领导交办的其他工作。

【监控股股长岗位职责】

1. 在主任领导下，尽职尽责地履行征稽业务监督监控职责，带头执行监控中心各项制度，负责监控中心的日常监控管理、监控值班安排以及相关工作；

2. 认真执行中心的视频资料存档管理制度，负责监控中心各监控系统的资料查询、调阅，数据资料归档管理及维护工作；

3. 负责监控情况的综合分析与呈报工作；

4. 认真执行中心热线电话服务跟踪制度，负责省局热线电话接听、投诉举报受理的管理工作；并负责处理投诉举报的紧急情况；

5. 负责港口进出岛车辆监控管理以及违规车辆的排查分析工作；

6. 负责柴油机动车辆黑名单锁定、解锁的管理工作；

7. 加强中心监控室的保密工作，严格执行落实中心保密工作制度，维护征稽业务机密的安全；

8. 积极完成领导交办的其他工作。

【监控管理员岗位职责】

1. 在股长领导下，尽职尽责地履行征稽监督监控职责，努力做好征稽业务监督监控工作；

2. 监控管理员要严格遵守值班制度，按时上下班，当班时不得擅离工作岗位；当班的监控管理员必须严格按照有关规定，集中精力在监控范围内实行实时监控，发规异常情况，要及时做好记录并录像存档；

3. 监控管理员要严格遵守工作纪律、严格执行监控室管理制度和保密制度。监控室禁止无关人员进入，因工作来访者须获得中心领导批准同意，并做好来访登记后，方可进入监控室；

4. 监控管理员在上班时不准做与工作无关的事，严禁在监控室内吸烟，主动做好监控室的清洁卫生，保持室内整洁美观；

5. 监控管理员要积极参加中心组织的培训学习，熟练掌握监控设备性能知识和操作技能，正确使用监控设备，爱护监控设备设施，不擅自拆装设备；

6. 积极完成领导交办的其他工作。

【热线电话管理员岗位职责】

1. 在股长领导下，尽职尽责地履行热线电话接听职责，努力做好热线电话的跟踪服务工作；

2. 热线电话管理员要以“准确、迅速、热情、礼貌、周到”的原则进行服务，并严格执行热线电话接听制度，做好实时咨询答复、解决民众疑难问题及热线电话服务跟踪工作；

3. 热线电话管理员要认真学习、熟练掌握征稽业务知识，尽力做好交通征稽咨询服务工作，创建文明征稽窗口，树立征稽人的良好形象；

4. 热线电话管理员要认真负责任地做好咨询电话、投诉举报电话的登记录入信息管理系统工作；

5. 热线电话管理员要爱护和正确使用设备，并严格执行维护保养制度，确保设备正常运行；

6. 热线电话管理员要积极参加中心的岗位培训，自觉接受岗位技能考核；

7. 积极完成领导交办的其他工作。

【行政股长岗位职责】

1. 在主任领导下，努力做好中心的行政事务工作，具体负责中心的日常行政工作；

2. 负责中心工作计划、工作总结、工作报告等综合性文件的起草，各股室以中心名义发文的文稿审核工作；

3. 负责中心的公文办理工作（包括督查督办、政务信息、新闻宣传、文件归档）及档案管理、印章管理、保密工作；

4. 负责中心办公物品的购置、使用登记，以及固定资产管理工作；

5. 负责中心的日常值班、会务、对外联络、接待、安全生产以及员工培训工作；

6. 负责各股室的工作协调事务；

7. 积极完成领导交办的其他工作。

【行政管理员岗位职责】

1. 协助股长处理中心的日常行政事务，负责中心绩效考核、薪资福利、各类保险、统计报表等工作事项的具体事宜；

2. 负责中心的文件收发、文件打印、复印、资料整理、文档的归类和保管等工作；

3. 负责中心工作例会记录、中心宣传专栏的组稿等工作；

4. 负责中心办公设备（计算机、传真机、复印机、电话）的使用登记及管理工作；

5. 负责物品出入库的登记和保管以及仓库的管理工作；

6. 负责办理职工的入职、调动、辞职、请假手续，职工档案资料的建档，负责干部职工考勤工作；

7. 积极完成领导交办的其他工作。

【文秘岗位职责】

1. 协助行政股长起草文件，做好办公室日常行政事务工作和文秘工作；

2. 协助行政管理员做好中心文件的打印、校对、装订及传递工作；

3. 做好文件签收、传递、催办、回收清退销毁、文秘档案资料收集管理及保密工作；

4. 做好中心各种会议的记录及会务工作；

5. 积极完成领导交办的其他工作。

【财务股长岗位职责】

1. 在主任领导下，贯彻执行会计法和财务管理规定，认真履行会计的核算和监督职能；

2. 贯彻执行省征稽局、省财政厅统一制定的交通征费稽查部门会计制度，搞好业务基础建设；加强会计核算和财务管理工作，遵守财经纪律和廉洁自律规定；

3. 依照《会计基础工作规范》的要求做好会计核算工作，认真审核财务的各项开支情况，保证各项开支的合法性、合理性和有效性；

4. 认真执行上级下达的财务收支预算计划，加强各项资金使用情况的监督，保证中心财务计划的正确执行；

5. 负责审查年、季、月会计报表，做好财务报表汇总、上报、财务指标分析工作；

6. 加强固定资产和流动资产的管理工作。会同相关部门做好固定资产和流动资产的管理，定期进行固定资产清查，确保国有资产的安全和完整；

7. 积极完成领导交办的其他工作。

【报账员岗位职责】

1. 负责编制中心年度预算方案；

2. 负责办理日常各项支出的报销业务，核对报账事项登记《备查簿》的相关事项（如工资、往来等），并定期与核算站核对各项数据；

3. 负责保管、使用中心的定额备用金和向核算站领取的转账支票、专用报销凭证、应缴财政专户的收入和往来等各种票据，并合理使用各种专用票据；

4. 根据税务部门规定，负责计算和代扣个人所得税，并及时缴纳；

5. 协助做好中心固定资产清查、管理工作；

6. 积极完成领导交办的其他工作。

【工会职责】

1. 负责职工需求意见的收集与上报工作，力所能及地解决职工的合理合规需求，多为职工办实事好事；

2. 负责中心干部职工文体工作，组织干部职工开展各类文体活动，丰富干部职工文化生活，增强团结，营造和谐的氛围，促进征稽工作；

3. 负责劳模的评选、推荐上报工作；

4. 抓好中心工会的自身建设，提升工会的服务能力；

5. 贯彻落实好《女职工劳动保护规定》、《妇女权益保障法》。大力开展卓有成效的女职工工作；

6. 负责计划生育工作；

7. 负责做好中心工会工作计划与工作总结；

8. 积极完成中心领导和局工会交办的其他工作。

（六）信息中心制度建设

信息中心制度建设包括热线电话服务跟踪制度，热线电话标准文明用语、信息中心征稽监控室管理制度、信息中心视频资料存档管理制度，以及信息中心保密工作制度。

热线电话服务跟踪制度

为进一步规范海南省车辆通行附加费征收工作的监督管理，提升征稽工作服务质量和水平，特制定本制度。并真诚接受社会各界的监督。

1. 咨询服务、投诉（举报）热线电话，是代表省交通规费征稽局服务社会、服务人民的文明形象窗口，它既是征稽业务工作电话，又是我们征稽人服务形象具体体现的岗位。要求全体工作人员要以满腔热情，高度的责任感来履行这一职责，信息中心监控室实行专人 24 小时不间断的接听、受理制度；

2. 接听热线电话必须使用标准、文明用语（具体内容见标准文明用语）；

3. 接听热线电话态度要热情，要有耐心。接电话时，要先主动向对方问好，并告知对方这是海南省交通征稽局热线电话；

4. 热线电话要确保热线电话全天候畅通，全天 24 小时都有人接听。每次交接班时，接班人要在第一时间把热线电话设置呼叫转移到自己的手机上；工作人员不能用热线电话进行非工作性质的通话；

5. 接到咨询服务电话时，要将咨询内容等相关信息填写到接听电话登记本上。依据相关法规政策和条例规定，可以解答的，给予明确答复；不能明确答复的，则向对方说明需要知会相关部门后给予答复，并明确告知对方答复时间；转有关部门受理答复的热线电话，有关部门受理答复后，要填写回复单交回信息中心录入信息管理系统进行管理；

6. 接到投诉（举报）电话时，要将投诉（举报）相关内容[包括投诉（举报）人的单位、姓名、住址、投诉（举报）案件发生的时间、地点及经过等]填写到电话登记本上，并录入信息管理系统进行跟踪管理。如投诉（举报）的问题需要即时解决的紧急事项，先向省局领导报告并根据领导授权意见，把投诉（举报）内容及时转交相关部门会办，再行填写呈批件给省局领导补批示；如投诉（举报）问题不需即时解决的，接线员须按办文手续在一个工作日内送交中心主任审阅、签署后，报送省局分管领导批办，根据局领导批示转给相关部门调查处理。处理结束后将处理结果录入信息管理系统管理，并把处理结果告知投诉（举报）人；

7. 信息中心工作人员要加强征稽业务相关政策、法规和条例的学习，经常翻阅热线电话接听记录，并不断总结经验，以提升自身素质和业务水平；

8. 要严格遵守保密制度，认真做好接听热线电话的保密工作。不得向任何人泄露投诉（举报）内容和投诉（举报）人的信息内容。

热线电话标准文明用语

【接听电话开头语】

您好,请问有什么可以帮助您。

【接听电话结束语】

请问您还有什么问题吗?感谢来电,请您稍后对我的服务做出评价。

(注意:在报结束语前先征询“咨询人”,看其是否咨询完毕后才能使用结束用语。)

【听到对方感谢类语言时】

谢谢,不客气。

【听到对方急切类语言时】

请您不用着急,有什么事情您可以慢慢说,我会尽力帮您解决。

【对方咨询的问题不清楚是哪方面问题时】

对不起,这个问题我需要核实一下,请您稍等,可以吗?

【对方等待时间长时】

感谢您的耐心等待。

【遇到需要查证相关资料时】

电脑正在查找,请您稍等。

【对方咨询的问题讲不明白时】

很抱歉,请您再说得详细一些,好吗?

【遇到需要核实清楚才能答复的问题时】

对不起(抱歉)!您刚才所提到的问题,我需要核实一下再给您回复,请您留下联系电话,我们会尽快将核查结果及时回复给您。

【听不清对方咨询内容时】

对不起,请你再重复一次,好吗?

【听不清对方所报电话号码时】

对不起,请您再讲一次您的号码,好吗?

信息中心征稽监控室管理制度

积极推进信息中心工作职能建设,不断完善全省交通征费、监控系统管理制度,是努力提升征费、监控系统管理水平的有力保证,也是认真履行对全省征费、监控系统管理及维护的工作职责的重要体现。为了加强全省交通征稽监控系统的管理,确保各监控系统正常和安全运行,充分发挥征稽监控效能的最大作用,特制定本制度。

1. 监控室工作人员要服从领导、听从指挥、坚守岗位、高度负责、遵纪保密、严格履行征稽监控职责,及时掌握各种监控信息,认真负责地完成好省局赋予的征稽监控任务;

2. 监控室实行24小时轮换上班制,工作人员必须严格按照规定时间到岗值班。监控室值班不准脱岗,因故不能在当班时间值班的,必须经信息中心主任事前同意后,并有人代班时方可离开岗位;

3. 认真做好当班监控情况记录，值班登记本作为存档资料保存；监控室值班员应不断翻看监控录像，研究监控情况，发现有价值的资料，做好标记存入存档设备，以备应用；

4. 当监控发现到有可疑人员、车辆或事件时，应立即向中心主任汇报，并按相关规定制成呈批件，送中心主任审阅同意后，报省局分管领导批办，并将呈批件及时转告相关部门处理。相关部门办结的事项反馈给信息中心，信息中心将处理结果分类整理归档备案后，报省局分管领导；

5. 进入监控室实行登记制度。无关人员未经许可严禁进入监控室，因公需到监控室查询情况或来访的，须经信息中心主任同意后，方可进入监控室；

6. 监控室工作人员要爱护和管理好各类装备和设施，严格按操作规程进行操作，确保监控系统的正常运行；

7. 不准在监控室内使用违章电器、抽烟、吃零食、聊天、玩耍等与工作无关的事情，不得随意摆弄机器设备或利用设备玩游戏、上网等；

8. 监控室值班员必须严格遵守保密制度严守机密。工作人员不得在监控室以外的场所议论有关监控录像内的内容和相关信息。更不准不经批准将实时监控录像和存档资料带出监控室外，违者追究责任；

9. 监控系统设备发生故障时要做好登记，并及时上报中心技术股，以便请专业维修部门及时维修；监控室必须保持整洁卫生，并按系统设备维护规范进行系统保养维护，确保系统设备的正常运行；

10. 上级领导到监控室检查工作时，值班人员要及时向中心主任报告，并积极做好接待和相关工作。

信息中心视频资料存档管理制度

为了进一步行使信息中心对征稽业务的监督职能，落实视频监控资料的存档、管理及利用工作，特制定本制度。

1. 根据征稽工作需要，在监控视频取得的视频资料是掌握和检查柴油机动车辆是否存在欠费偷驶、报停偷驶等情况的重要依据，它更是开展征稽业务的基础工作，我们必须以高度负责的态度，严格按照保密规定做好档案资料的存档工作；

2. 通过征费和监控系统抽查发现柴油机动车辆存在欠费偷驶、报停偷驶等情况时，监控值班人员应立即通过征费系统和监控系统做好图片的截取、保存工作；

3. 档案管理员必须对保存的图片等资料做好编号、建档、归档工作，对重要的视频文件，必须进行双重备份，以防止资料的丢失，同时，必须按照档案管理的相关规定，做好保管工作，以确保视频资料的安全；

4. 对档案资料应严加管理，严格办理借阅手续。如需借阅须经中心主任批准，并在指定地点内查阅，不准带出指定地点，不准摘抄，不得擅自扩大利用范围，档案管理员必须严格审查归还的借阅档案资料，确保档案的完整及安全；

5. 借阅视频档案资料必须做好保护和保密工作，保证档案资料的整洁、不得丢失泄密、不得擅自拷贝、更不得涂改或做标记和损坏。如发现丢失泄密现象，应按保密规定立即向中心领导报告，采取相应防范措施，并按情节追究相应责任。

信息中心保密工作制度

根据征稽业务工作的需要，为了规范干部职工的日常保密工作行为，特制定本制度。

1. 遵守保密规定、保守单位机密，是我们的义务和职责，也是依法履行征稽职责的具体体现，营造人人遵守保密规定、人人都为保密工作做贡献的良好氛围；

2. 信息中心的电话记录本、车辆抽查情况表、征费和监控系统图片文件等信息资料是征稽系统的机密，人人都有责任加以保护，非中心干部职工不能随便查阅，对需要调、查阅的须办理调、查阅手续，并按程序经批准同意后，方可查阅；

3. 受理投诉、举报件时，受理人应按规定流程做好相关记录及报告工作，不得向任何人泄露投诉（举报）内容和投诉（举报）人的信息内容；

4. 档案管理人员对秘密档案材料应严加管理，严格借阅手续，如需借阅者，须经中心领导批准，并在指定地点查阅，不准带出指定地点，不准摘抄；档案人员未经批准，不得擅自扩大利用范围，以确保档案的安全；

5. 进入中心机房必须严格实行审批和登记制度。计算机的应用管理由专人负责，中心计算机的维护要按管理制度操作，凡机密数据的传输和存贮均应采取相应的保密措施，录有机密文件的磁盘信息要归档，妥善保管，严防丢失；

6. 不执行保密制度造成单位机密泄露者，根据情节轻重，进行警告、扣除绩效处分或者上报上级追究相关责任，造成重大影响、重大损失的则追究其法律责任。

二 征稽业务工作研究

（一）征稽基础数据分析研究、运用、管理工作

该项工作由征收科、稽查科牵头负责召集，组成专责研究小组，对征收数据、机动车辆数据、实时监控资料等进行综合分析研究，并将分析研究结论运用到征稽实务工作中，以达到促进征稽业务工作的目的。负责机动车辆数据采集的征稽分局、负责省局数据库的技术科和负责征稽监控工作的信息中心作为协助单位。

（二）交通规费征收调研工作

制定规费征收调研方案，确定调研任务、调研地点（或区域），参加调研人员以及相关工作由征收科负责，调研工作结束后形成调研报告。

（三）交通规费征收工作分析研究会

该项工作是列入省局交通规费征收工作议事日程的重要会议，确定征收工作分析研究会的主题、议程、时间，重点研究议题，会议发言单位、会议材料等会务工作由征收科、办公室负责。会议制发会议纪要和会后实行督查落实等工作作出安排。

（四）交通规费稽查业务调研工作

制定稽查调研工作方案，确定调研任务、调研地点（或区域），参加调研人员以及相关工作由稽查科负责,调研工作结束后形成调研报告。

(五)稽查业务工作分析研究会

该项工作是列入省局交通规费稽查执法工作议事日程的重要会议,根据稽查业务工作的需要,确定稽查工作分析研究会的主题、议程、时间,重点研究议题,会议发言单位、会议材料等会务工作由稽查科、办公室负责。会议制发会议纪要和会后实行督察落实等工作作出安排。

第六章　廉政风险防控

根据党风廉政建设责任制要求，本章以征稽业务部门的工作流程环节为节点，用廉政风险防控一览表的简便形式，分列廉政风险防控工作的重点，落实党风廉政建设责任制工作。

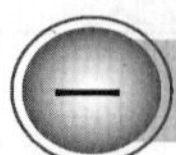

一　征收科廉政风险防控（表6-1）

征稽业务各部门廉政风险防控如表6-1～表6-6所示。

征收科廉政风险防控一览表　　表6-1

■高　■中　▲低

权力事项	关键环节	所涉人员	廉政风险表现形式	风险等级	防控措施	拟建立制度
规费征收业务	制定征收计划、工作检查、业务管理	征收报表分析员、科室领导、分管领导	1. 拟定规费征收任务方案不科学、不切合实际；规费征收计划不落实。2. 规费征收检查搞形式。3. 征费工作职责不明确、不落实。4. 依法征费工作不落实。5. 征收业务管理不到位；业务大厅管理混乱、服务对象、目标不明确	■	认真组织和做好规费征收工作调研工作，落实征稽岗位职责，对不称职人员调整岗位工作，对问题严重者进行问责	1. 业务岗位责任制；2. 征费调查工作制度
停启征业务	审核	征收业务管理员、科室领导、分管领导	不执行相关规定，不按流程办理，不认真审核	■	实行首问负责制	业务受理工作规定
退费业务审批	审核	征收业务管理员、科室领导、分管领导	不执行相关规定，不按流程办理，不认真审核	■	实行首问负责制	业务受理工作规定
票据管理	审核	票据管理员、审核员科室领导	不执行票据、票证管理规定，不认真审核	■	落实审核岗位责任	票证票据审核标准

续上表

权力事项	关键环节	所涉人员	廉政风险表现形式	风险等级	防控措施	拟建立制度
油罐车管理	审核	业务管理员、科室领导	不执行相关规定，不认真审核，不按流程办理	■	实行首问负责制	业务受理工作规定
基层分局报批业务	审核、领导批示流转	业务管理员、科室领导、分管领导	不执行相关规定，不负责任、不认真办理，或拖延办理	■	落实岗位职责，实行首问负责制	报批业务管理制度
规费征收业务会议	会议组织	业务管理员、科室领导	会议方案不实际，没有针对性，不解决征费实际问题	▩	加强作风建设，克服“四风”现象	

二 稽查科廉政风险防控（表 6-2）

稽查科廉政风险防控一览表

表 6-2

■高 ▩中 ▲低

权力事项	关键环节	所涉人员	廉政风险表现形式	风险等级	防控措施	拟建立制度
稽查工作调查研究，稽查信息情报等	稽查研究、信息情报等业务环节	科长、副科长、文秘信息员、外勤稽查员	调研工作形形式主义、重要信息情报不及时报告、未采取相关措施、泄密	■	严格执行相关规定和保密制度	
联合稽查	联合稽查各环节	科长、副科长、外勤稽查员	不按联合稽查方案实施稽查和违反相关规定	■	严格执行联合稽查的相关规定	
稽查工作检查、监督	对各征稽分局、稽查局的检查、监督的各环节	科长、副科长、外勤稽查员	不执行相关规定、监管检查工作不落实	■	严格执行相关规定	
稽查装备设备的管理	稽查装备设备的监督管理环节	科长、副科长	不执行相关管理规定	■	严格执行相关规定	
稽查人员培训	计划制定、实施环节	科长、文秘信息员	不按计划实施培训	▩	严格按计划实施	

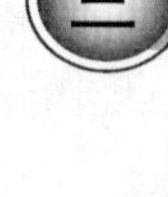

三 信息中心廉政风险防控（表6-3）

信息中心廉政风险防控一览表　　　　表6-3

■高　■中　▲低

征稽业务事项	关键环节	责任人	廉政风险表现形式	风险等级	防控措施	拟建立制度
投诉举报	受理投诉举报呈报	管理员股长	接到投诉举报不报、泄密等谋取不正当利益	■	严格执行受理投诉举报呈报制度、保密制度	已建立
实时监控	监控环节、监控实时视频录像、呈报环节	管理员股长主任	发现逃费车辆、油罐车、加油站卸油异常情况、各市县征费大厅及港口岗亭出现违纪现象、不实时录像、泄密等谋取不正当利益	■	严格执行监控实时录像制度	已建立
监控系统安装及管理	设定监控系统网络参数、设定密码等	股长工程师技术员	泄密等谋取不正当利益	■	建立网络参数及密码管理制度	

四 稽查局廉政风险防控（表6-4）

稽查局廉政风险防控一览表　　　　表6-4

■高　■中　▲低

权力事项	关键环节	所涉人员	廉政风险表现形式	风险等级	防控措施	拟建立制度
日常稽查	路检路查或重点地区稽查	稽查员、稽查中队长、分管副局长	不执行稽查执法规定，让逃费车辆、企业、人员逃避处罚	■	严格执行征稽人员工作行为规范和“六不准”等规章制度	
海上稽查	海上巡航稽查执法	稽查员、稽查中队长、分管副局长、局长	不执行稽查执法规定，让逃费船只、企业、人员逃避处罚	■	严格执行征稽人员工作行为规范、“六不准”等规章制度	

续上表

权力事项	关键环节	所涉人员	廉政风险表现形式	风险等级	防控措施	拟建立制度
查处偷逃规费重大案件	在立案、调查取证、处罚等查处环节	稽查员、稽查中队长、分管副局长、局长	不执行查处案件的相关规定，让逃费车辆、企业、人员逃避处罚	■	严格执行征稽人员工作行为规范、“六不准”等规章制度	拟建立责任追究制度
执法督察	执法督察全过程	稽查员、稽查中队长、分管副局长、局长	不执行执法督察规定，让各种不良现象、甚至违法行为逃避督察监督	■	严格执行执法督察规定	
稽查装备、设备维护及管理	稽查装备、设备维护及管理	稽查员、中队长、船长、分管副局长	不执行装备、设备维护管理规定	■	严格执行装备、设备、船艇等管理规章制度	
规费征收	规费征收各环节	征收员、股长、分管副局长	不执行规费征收规定，造成规费偷逃、漏征	■	严格执行征稽人员工作行为规范、“六不准”等规章制度	
票据管理	票据管理	征收员、票据管理员、股长	不执行票据管理规定，造成票据管理出漏洞	■	严格执行票据管理规定	
查扣物（油品、船只）管理	查扣、车辆、船只、油品等物的各环节	稽查员、中队长、分管副局长	不执行查扣车辆、船只、油品的相关规定，不办理查扣手续和委托保管手续、处置查扣物不按规定	■	严格执行稽查查扣物的相关规定	
稽查信息情报收集、研究管理	稽查信息情报收集的各环节	行政管理员股长、分管副局长	不执行稽查信息情报收集管理规定、保密管理规定	■	严格执行稽查信息情报收集、研究应用、管理规定	
行政处罚	执行行政处罚的各环节	行政处罚管理员、股长、分管副局长	不执行行政处罚规定、让违规人员逃避处罚	■	严格执行行政处罚规定	
稽查队伍征稽业务培训	队伍培圳各环节	行政管理员、股长、中队长、船长、分管副局长	不执行稽查队伍培训、稽查执法训练、海上巡航执法训练和船艇勤务训练相关规定，致使稽查执法队伍稽查执法业务、执法程序老出差错	■	严格执行稽查执法、海上巡航训练的规定	
文秘、档案管理	文秘、档案管理的各环节	行政管理员、股长	不执行文秘、档案管理、保密规定	■	严格相关规定	

五 港口分局廉政风险防控(表6-5)

港口分局廉政风险防控一览表

表6-5

■高 ■中 ▲低

权力及业务事项	关键环节	所涉人员	廉政风险表现形式	风险等级	防控措施	拟建立制度
规费征收	规费征收各环节	征收股、征稽站及工作人员、股长、站长、副站长、分管副局长、局长	不执行相关规定,不履行征费岗位职责	■	严格执行相关规定	
油库管理、汽油批发企业管理	油库征稽管理的各环节、汽油批发企业的监督管理环节	油库计量员、股长、副股长、分管副局长	不执行相关规定,不履行征费岗位职责	■	严格执行相关规定	
征稽业务办理	征稽业务办理各环节	征稽业务办理各岗位人员、站长、副站长、股长、副股长、分管副局长	不执行相关规定,不履行征费岗位职责	■	严格执行相关规定	
通行车辆信息采集	南港、秀英港征稽站车辆信息采集环节	信息采集员、录入员、站长	不执行相关规定,不履行征费岗位职责,不符合补录条件的私自录入车辆信息	■	严格执行相关规定	
绿色通道减免车辆的管理	绿色通道物品审核	港口征稽站工作人员	进出岛鲜活农产品不按规定审核确认,录入信息。不执行绿色通道规定	■	严格执行相关规定	
开具征收发票	港口征稽人员手工开具征收发票	港口征稽工作人员	征稽人员无授权下,手工开具规费征收发票	■	严格执行相关规定	
办理进出岛停启征业务	无进出岛记录而办理停启征业务	港口征稽工作人员	无充分证据证明进出岛时间或仅凭某一项证明,则确认停启征时间	■	严格执行相关规定	

六 征稽分局廉政风险防控(表6-6)

征稽分局廉政风险防控一览表

表6-6

■高 ■中 ▲低

权力及业务事项	关键环节	所涉人员	廉政风险表现形式	风险等级	防控措施	拟建立制度
规费征收	规费征收的各环节	征稽员、站长、副站长、股长、分管副局长、局长	不执行规费征收规定	■	依法依规征稽	征稽站管理规定
规费稽查	稽查执法各环节	征稽员、稽查股长、分管副局长	不执行规费征稽规定	■	依法依规稽查	
加油站管理(量油)	加油站的日常管理环节	量油员、股长、管副局长	不执行加油站管理规定,量油不执行相关规定及标准	■	严格执行相关规定	
征稽业务办理	业务办理的各环节	停启征岗、综合业务岗、退费岗、车辆入户岗	不执行相关规定	■	严格执行有关规定及办理流程	
行政处罚	行政处罚各办理环节	征稽员、股长、分管副局长	不执行有关规定	■	严格执行有关规定	
投诉举报受理	投诉举报受理各环节	征稽员、行政股长、法制股长	不执行有关规定	■	严格执行有关规定	
新车入户吨位、时间核定	新车入户吨位审核	验车人员	车辆证件质量参数与车辆实际不符而不严格审核	■	严格执行相关规定	
转籍车辆	车辆转籍	车辆转籍办理人员	不按转出机构开具转籍单的时间办理入户缴费	■	严格执行相关规定	
转籍报停	车辆报停验证	征稽业务办理人员	报停车辆的资料不全(如没确切停车地点)	■	严格执行相关规定	

第七章　法律法规　条例　规定

"海南经济特区机动车辆通行附加费征收管理条例"自实施以来，通过不断完善工作机制及管理办法，实现依法依规行政的目标，服务于海南经济社会建设。

一　海南经济特区机动车辆通行附加费征收管理条例

海南经济特区机动车辆通行附加费征收管理条例

（2010 年 9 月 20 日海南省第四届人民代表大会常务委员会第十七次会议通过）

第一章　总　　则

第一条　为加强和规范机动车辆通行附加费的征收与管理，促进公路事业的发展，根据有关法律、行政法规的规定，结合本经济特区实际，制定本条例。

第二条　本经济特区对汽油和使用柴油的机动车辆，按照本条例征收机动车辆通行附加费。

征收机动车辆通行附加费后，不再征收公路过路费、过桥费。

以汽油、柴油以外的能源作为动力的机动车辆，其机动车辆通行附加费征收管理办法由省人民政府另行制定。

第三条　省交通运输行政主管部门负责全省机动车辆通行附加费的征收管理工作。

省交通运输行政主管部门设置的省、市、县、自治县交通规费征稽机构（以下简称征稽机构）负责具体实施机动车辆通行附加费的征收管理工作，对机动车辆通行附加费的征缴情况实施稽查，查处偷漏机动车辆通行附加费等行为。

征稽机构根据征稽工作的需要，可以在口岸、油库和城镇等地点设立征稽站点。

第四条　发展和改革、价格、公安、边防、消防、财政、商务、税务、审计、质量技术监督、工商等部门应当在各自的职责范围内，做好机动车辆通行附加费征收管理和监督的相关工作。

第五条　机动车辆通行附加费属于政府性基金。

机动车辆通行附加费的征收标准，由省价格主管部门会同省财政、交通运输行政主管部门提出方案，报经省人民政府批准后公布执行。

机动车辆通行附加费根据本经济特区公路建设发展情况、物价指数等因素适时调整。

第二章　机动车辆通行附加费的征收

第六条　汽油零售企业应当按照购买汽油的数量和征收标准价外缴纳机动车辆通行附加费。

汽油零售企业具备国家规定的经营资格，并符合本条例第十二条规定的，应当持成品油经营许可证和勘验合格证明等资料，向省征稽机构申报办理机动车辆通行附加费征稽登记证。省征稽机构应当自收到申报之日起20个工作日内予以审核并发给机动车辆通行附加费征稽登记证。

汽油零售企业购油前应当到所在地征稽机构办理机动车辆通行附加费缴费手续。

第七条　柴油机动车辆按照核定的征费标准计量和征收标准，定额征收机动车辆通行附加费。

柴油机动车辆缴费义务人可以按年、半年、季度、月或者按日缴纳机动车辆通行附加费。

征费标准计量和具体缴费方式由省交通运输行政主管部门会同省财政、价格主管部门制定。

第八条　下列柴油机动车辆可以免征机动车辆通行附加费：

(一)拖拉机、三轮机动车；

(二)联合收割机、运输联合收割机(包括插秧机)的车辆；

(三)挖掘机、推土机、装载机等不能载客载货的专用车辆；

(四)设有固定装置的城市环卫车，医疗专用救护车、防疫车、采血车等车辆；

(五)军队车辆、武警部队车辆，以及省人民政府批准执行抢险救灾任务的车辆；

(六)城市公共汽车、农村客运班线车辆。

对进出本经济特区运输鲜活农产品的车辆和经省人民政府批准的其他车辆，可以减免机动车辆通行附加费。

柴油机动车辆通行附加费的减免办法由省交通运输行政主管部门会同省财政、价格主管部门提出意见，报经省人民政府批准后公布执行。

第九条　本经济特区柴油机动车辆缴费义务人应当按照下列起始日期在10日内到车籍所在地征稽机构办理机动车辆通行附加费缴费登记，自登记之日起缴费：

(一)新购置的车辆自领取牌证之日起；

(二)外省转籍至本省的车辆自转入登记之日起；

(三)被盗抢的车辆自追回之日起。

柴油机动车辆因故停驶的，应当向征稽机构办理报停或者停征手续；恢复行驶的，应当办理缴费或启征手续。

第十条　因缴费义务人、车辆信息等变更的，应当到所在地征稽机构办理机动车辆通行附加费变更登记。

车辆报废、毁损、灭失或者转籍到省外的，以及被盗抢超过90日未追回的，应当到所在地征稽机构办理机动车辆通行附加费注销登记。

第十一条　外省柴油机动车辆进入本经济特区行驶的，应当自进入本经济特区之日起依照规定缴纳机动车辆通行附加费；超过10日的，每10日应当向征稽机构办理机动车辆通行附加费缴费手续；需要长期在本经济特区内行驶的，可以申请依照本经济特区柴油机动车辆缴费的有关规定缴纳机动车辆通行附加费。

外省柴油机动车辆应当到设在上岸港口的征稽站点领取缴费登记凭证；上岸港口没有征稽站点的，应当到上岸港口所在市县征稽机构领取缴费登记凭证。

外省柴油机动车辆离开本经济特区前，应当到征稽机构或者其设立的征稽站点办理机动车辆通行附加费结算手续，并交还缴费登记凭证。

第三章　机动车辆通行附加费征收监管

第十二条　汽油经营企业所属加油站或者油库建设的储油设施、输油管道使用前，应当告知征稽机构进行现场勘验，经勘验符合要求的，方可使用。

第十三条　汽油经营企业储油设施的进出口管道应当按照规定安装符合国家标准的汽油流量计量等装置，其费用由汽油经营企业承担。

汽油经营企业流量计量等装置发生故障或者损坏的，应当立即向所在地征稽机构报告，不得擅自拆卸、修理或者安装。征稽机构应当自接到报告后4小时内进行处理。

征稽机构有权利用汽油经营企业安装的计量装置核查汽油入库、储存、销售的数据，汽油经营企业应当予以配合。

第十四条　在不影响税收征收管理的情况下，征稽机构有权利用加油机税控装置或者税控加油机的记录对汽油销售数据进行核查，税务机关应当予以配合。

第十五条　汽油经营企业购进或者调拨汽油前，应当携带相关证明文件向征稽机构申报，经征稽机构核验后方可办理。

第十六条　运输汽油的车辆、船舶应当携带征稽机构开具的相关资料，以备检查。

公安、边防等部门应当协助征稽机构对机动车辆通行附加费的征缴情况实施稽查，加强对在本经济特区内运输汽油的车辆、船舶的检查。

第十七条　汽油经营企业应当妥善保管进油、销售、库存和相关财务会计凭证账薄，按月向征稽机构报送进油、销售、库存、非正常损耗的报表，并在征稽机构进行检查时如实提供，配合检查。

第十八条　除军事单位以外，其他单位和个人不得设置内部汽油加油站或者油库，也不得在加油站或者油库储存汽油。

第十九条　柴油机动车辆应当随车携带缴费凭证或者缴费登记凭证，以备检查。

第二十条　公安交通管理部门在办理柴油机动车辆年检手续时，应当要求柴油机动车辆所有人出具机动车辆通行附加费缴费凭证；无法出具的，不得办理柴油机动车辆年检手续。

征稽机构有权利用公安交通管理部门记录的柴油机动车辆登记信息，公安交通管理部门应当予以配合。

第二十一条　单位或者个人举报非法买卖、运输汽油或者其他偷漏机动车辆通行附加费行为，经查证属实的，应当给予奖励。具体奖励办法由省交通运输行政主管部门会同省财政部门制定。

第四章　机动车辆通行附加费的使用

第二十二条　机动车辆通行附加费收入纳入财政预算，实行"收支两条线"管理，专款专用。

第二十三条　机动车辆通行附加费的使用范围包括：

（一）公路建设及偿还公路建设贷款本息；

（二）交通规费征稽事业；

（三）涉及交通行业的公益事业及工业、农业、渔业、旅游业等非车用汽油的补贴；

（四）省人民政府规定的其他支出。

前款第三项规定的补贴由省交通运输行政主管部门根据各市、县、自治县非车用汽油销售量等情况，拟定补贴方案，报省人民政府批准后，由省财政部门通过转移支付的方式拨付。市、县、自治县人民政府负责补贴的具体安排。

第二十四条　省财政、审计部门依照法定职权对机动车辆通行附加费的征收、使用和管理进行监督。

第五章　法 律 责 任

第二十五条　违反本条例第六条规定，汽油零售企业不办理机动车辆通行附加费征稽登记证或者缴费手续的，由征稽机构没收所进汽油，并处以其所进汽油应缴机动车辆通行附加费 3 倍以上 5 倍以下的罚款；有违法所得的，没收违法所得。

第二十六条　柴油机动车辆不按时缴纳机动车辆通行附加费的，由征稽机构责令补缴应缴费额，按日加收应缴费额万分之五的滞纳金；对连续不按时缴纳机动车辆通行附加费 30 日以上 1 年以下的，可处以 1000 元以上 1 万元以下的罚款；对连续不按时缴纳机动车辆通行附加费 1 年以上的，可处以 1 万元以上 5 万元以下的罚款；无法查证柴油机动车辆欠缴机动车辆通行附加费起始日期的，处该车月应缴费额 1 倍以上 3 倍以下的罚款。

第二十七条　违反本条例第九条第二款，柴油机动车辆恢复行驶未办理缴费或启征手续的，由征稽机构处该车月缴费额 1 倍以上 3 倍以下的罚款。

第二十八条　违反本条例第十一条第二款规定，外省柴油机动车辆不办理缴费登记凭证的，由征稽机构责令补办缴费登记凭证，并处以该车日应缴费额 5 倍的罚款。

违反本条例第十一条第一款规定，外省柴油机动车辆每超过 10 日不办理缴费手续的，由征稽机构责令补缴所欠的机动车辆通行附加费，并处以该车日应缴费额 5 倍的罚款。

第二十九条　违反本条例第十二条规定，汽油经营企业擅自使用不符合勘验要求的储油设施、输油管道的，由征稽机构没收违法所得和库存汽油，并处以违法所得 3 倍以上 5 倍以下的罚款；没有违法所得的，处以 1 万元以上 10 万元以下的罚款。

第三十条　违反本条例第十三条规定，汽油经营企业故意损坏流量计量等装置，或者不使用安装有流量计量等装置的进出油管道而采用其他方法进出油的，由征稽机构责令改正，处以 5000 元以上 5 万元以下的罚款。

汽油经营企业的流量计量等装置发生故障或者损坏，未报告征稽机构擅自修理、拆卸、安装或者未修复就使用的，由征稽机构处以 5000 元以上 5 万元以下的罚款。

第三十一条　违反本条例第十五条规定，汽油经营企业购进、调拨汽油，不向征稽机构申报或者少报数量的，由征稽机构处以5000元以上5万元以下的罚款。

第三十二条 违反本条例第十七条规定，汽油经营企业未定期向征稽机构报送或者报送虚假的报表、资料，或者不按照规定保管报表和财务账册的，由征稽机构予以警告，责令改正；拒不改正的，处以1000元以上1万元以下的罚款。

第三十三条 违反本条例第十八条规定，单位和个人设置内部汽油加油站或者油库，或者在加油站、油库储存汽油的，由征稽机构没收其储存汽油，并处以储存汽油应缴机动车辆通行附加费3倍以上5倍以下的罚款。

第三十四条 汽油经营企业购进数量与销售、库存数量之和不相符，不能证明其正当来源或去向的，由征稽机构责令补缴该差额部分机动车辆通行附加费，并处以该差额部分机动车辆通行附加费3倍以上5倍以下的罚款。

第三十五条 违反本条例第十六条第一款规定，运输汽油的车辆或者船舶未携带相关资料的，由征稽机构处以200元的罚款。

违反本条例第十九条规定，柴油机动车辆未随车携带机动车辆通行附加费缴费凭证或者缴费登记凭证的，处以50元的罚款。

第三十六条 以其他方式偷漏机动车辆通行附加费的，由征稽机构责令补缴机动车辆通行附加费，并处以偷漏机动车辆通行附加费数额1倍以上3倍以下的罚款。

第三十七条 违反本条例运输汽油的车辆或者船舶，或者柴油机动车辆不按照本条例规定缴纳机动车辆通行附加费的，征稽机构可以暂扣车辆或者船舶，并出具暂扣凭证。

当事人在暂扣凭证规定的时间内向征稽机构交纳相当于罚款数额的保证金后，征稽机构应当解除扣留。当事人在补缴机动车辆通行附加费并履行处罚决定后，征稽机构应当及时退还其交纳的保证金。

第三十八条 依照本条例没收的汽油，由省财政部门会同省交通运输行政主管部门按有关规定处置。

第三十九条 违反本条例第六条第二款、第十三条第二款规定，征稽机构及其工作人员未在规定期限内核发机动车辆通行附加费征稽登记证，或者接到汽油流量计量装置故障、损坏报告后未按规定期限处理的，由其上一级机关责令改正，并对直接负责的主管人员和其他直接责任人员给予行政处分；给当事人造成损失的，应当承担赔偿责任。

第四十条 征稽机构或者征稽人员擅自改变机动车辆通行附加费征收标准，瞒报、截留、挪用、坐支机动车辆通行附加费的，私分或者变相私分罚没款项及财物的，按照国家有关规定予以追缴，并对直接负责的主管人员和其他直接责任人员给予行政处分；构成犯罪的，依法追究刑事责任。

第四十一条 负有机动车辆通行附加费征收、使用、监管等职责的部门的工作人员玩忽职守、滥用职权、徇私舞弊、索贿受贿的，由其任免机关或者监察机关给予行政处分；构成犯罪的，依法追究刑事责任。

第六章 附 则

第四十二条 本经济特区以外的本省管辖区域的机动车辆通行附加费征收管理工作，参照本条例执行。

第四十三条 本条例具体应用的问题，由省人民政府负责解释。

第四十四条　本条例自2011年1月1日起施行。2008年12月18日海南省人民政府发布的《海南省机动车辆通行附加费征收管理暂行规定》同时废止。

海南省政府非税收入管理条例

海南省政府非税收入管理条例

第一章　总　则

第一条　为了规范政府非税收入管理，健全公共财政职能，促进经济社会健康发展，保护缴款人的合法权益，根据《中华人民共和国预算法》等法律、法规，结合本省实际，制定本条例。

第二条　本省行政区域内政府非税收入管理适用本条例。

第三条　本条例所称政府非税收入，是指除税收收入、社会保障基金、债务收入、住房公积金以外，本省各级国家机关、事业单位和代行政府职能的社会团体、其他组织（以下统称执收单位）在履行公共管理职能、行使国有资源（资产）所有权或者提供特定公共服务时，通过征收、收取、罚没或者募集、受赠等方式依法取得的资金。

政府非税收入是财政收入的重要组成部分，具体包括：

（一）行政事业性收费；

（二）政府性基金；

（三）罚没收入；

（四）国有资源有偿使用收入；

（五）国有资产有偿使用收入；

（六）国有资本经营收入；

（七）彩票公益金；

（八）以政府名义接受的捐赠收入；

（九）应当纳入政府非税收入管理的其他资金。

纳入政府非税收入管理的具体项目目录，由省财政部门向社会公布。

第四条　政府非税收入应当纳入财政预算，实行收支两条线管理。政府非税收入管理应当遵循依法、公开、高效和便民的原则。

第五条　县级以上人民政府应当加强对政府非税收入管理工作的领导，完善政府非税收入管理体系和监督机制。

县级以上人民政府财政部门是政府非税收入的主管部门，负责本行政区域内的政府非税收入管理和监督工作。

县级以上人民政府监察、审计、价格等部门和人民银行按照各自职责，做好政府非税收入监督管理工作。

第二章　执收管理

第六条　政府非税收入项目的设立、变更、取消应当按照下列规定执行：

（一）行政事业性收费按照国务院和省人民政府及其财政、价格部门的规定执行；

（二）政府性基金按照国务院或者财政部的规定执行；

（三）罚没收入按照法律、法规和规章的规定执行；

（四）国有资源、国有资产有偿使用收入按照法律、法规、国务院和省人民政府及其财政部门的规定执行；

（五）国有资本经营收入按照拥有国有资本产权的人民政府及其财政、国资部门的规定执行；

（六）彩票公益金按照法律、法规、国务院和财政部的规定执行；

（七）其他政府非税收入按照法律、法规、国务院和省人民政府及其财政部门的规定执行。

任何单位和个人不得违反规定设立政府非税收入项目。

第七条 政府非税收入由法律、法规、规章以及设立项目的有关规范性文件规定的执收单位执收；没有规定执收单位的，由县级以上人民政府财政部门执收。

法律、法规、规章以及设立项目的有关规范性文件对委托执收政府非税收入有规定的，从其规定；未作规定的，不得委托执收。受委托单位在委托范围内执收政府非税收入，不得转委托。

禁止委托个人执收政府非税收入。

第八条 执收单位应当履行下列职责：

（一）向社会公布由本单位负责执收的政府非税收入依据、项目、标准、范围、对象、期限和程序；

（二）使用省人民政府财政部门统一印（监）制的政府非税收入票据执收政府非税收入；

（三）按照规定及时、足额收缴政府非税收入款项；

（四）记录、汇总、核对政府非税收入收缴情况，并定期报送同级财政部门；

（五）向社会公布本单位及其主管部门和同级财政、监察、审计、价格等部门的举报电话或者电子邮箱；

（六）法律、法规、规章规定的执收政府非税收入管理的其他职责。

第九条 政府非税收入实行执收单位开票、商业银行代收、财政部门监管的收缴分离制度，但法律、法规、规章和省人民政府财政部门规定可以当场收取的款项除外。

按照规定可以当场执收的政府非税收入，执收单位应当在同级财政部门规定的时间内，将所收款项全额缴入财政部门指定的银行账户。

财政部门和执收单位应当采取措施降低政府非税收入执收成本，改进执收方式，提高执收效率，方便缴款人缴款。

第十条 执收单位不得擅自改变政府非税收入项目的范围、标准、对象和期限；不得以隐匿、转移、截留、坐支、挪用、私分等方式处置政府非税收入款项；不得开设政府非税收入过渡性账户；不得将所收政府非税收入存入财政部门规定以外的银行账户。

第十一条 具备地方国库集中收付代理银行资格的商业银行均可以代收政府非税收入。

符合前款规定的商业银行申请代收政府非税收入的，县级以上人民政府财政部门应当与商业银行签订代收协议，并将代收政府非税收入的商业银行名单向社会公布。

代收政府非税收入的商业银行应当按照国家和本省有关规定收纳、清算政府非税收入，在规定的期限内划转国库或者财政专户。

第十二条 公民、法人或者其他组织应当按照规定或者约定的期限、金额和缴款方式履行政府非税收入缴纳义务。

对违法设立政府非税收入项目、扩大执收范围、提高执收标准、改变执收期限以及违法使用票据执收政府非税收入的，缴款人有权拒绝缴纳并向有关监督管理部门举报。

第十三条 执收的政府非税收入应当直接缴入国库或者通过财政汇缴结算账户划转国库，但按照国家和本省有关规定缴入财政专户的除外。

缴入财政汇缴结算账户的政府非税收入，应当按照规定的期限划转国库或者财政专户，不得滞留。

第十四条 缓缴、减缴、免缴政府非税收入的，缴款人应当向执收单位提出书面申请。执收单位应当自受理之日起五个工作日内审核，对不符合缓缴、减缴、免缴规定的，直接答复并说明理由；对符合缓缴、减缴、免缴规定的，报同级财政部门审批。财政部门应当自受理之日起十个工作日内按照审批权限办理。国家和本省另有规定的，从其规定。

前款规定的缓缴、减缴、免缴事项的审批，只适用于本级政府非税收入。

经批准缓缴、减缴、免缴政府非税收入的，财政部门应当即时予以公示。

任何单位和个人不得擅自决定缓缴、减缴、免缴政府非税收入。

第十五条 执收的政府非税收入有下列情形之一的，应当办理退付：

（一）违法执收的；

（二）依法确认为误缴、误征需要退付的；

（三）待结算收入符合有关规定需要退付的；

（四）因征收依据调整需要退付的；

（五）经财政部门核准的其他退付情形。

按照规定应当由财政安排支出的事项，不得用退付处理。

第十六条 缴款人要求退付的，应当向执收单位提出书面申请。执收单位应当自受理之日起五个工作日内审核，对不符合退付规定的，直接答复并说明理由；对符合退付规定的，报同级财政部门审批。财政部门应当自受理之日起十个工作日内办理审批和退付。执收单位应当自收到退付款项之日起三个工作日内退还缴款人。国家和本省另有规定的，从其规定。

第十七条 财政部门、人民银行、代收银行、执收单位应当定期就政府非税收入收缴情况进行对账检查，发现问题由财政部门通知有关部门和单位及时纠正，保证收取的金额与缴入国库、财政专户及财政汇缴结算账户的金额一致。

第十八条 县级以上人民政府财政部门应当加强政府非税收入执收管理信息化建设，实现财政部门、代收银行和执收单位之间的信息共享，为缴款人提供便利，保证政府非税收入及时、足额征缴入库（户）。

第三章 资金管理

第十九条 政府非税收入应当按照法律、法规规定或者审批权限确定的收入归属,纳入相应级次财政预算管理。

第二十条 财政部门应当根据政府非税收入的不同性质、特点实行分类管理,建立健全管理制度。

第二十一条 执收单位履行职能所需经费由财政部门核定预算予以拨付,不与执收的政府非税收入挂钩。

政府非税收入有法定专项用途的,应当专款专用。

第二十二条 涉及省与市、县、自治县政府间的政府非税收入分成比例,由省人民政府或者其财政部门按照成本补偿、统筹调剂以及事权与收入相匹配的原则确定。

未经省人民政府或者其财政部门批准,不得对前款政府非税收入实行分成或者调整分成比例。

第二十三条 政府间分成的政府非税收入,按照就地缴款、分级划解、及时结算的原则,由财政部门通过国库、财政专户、财政汇缴结算账户定期划解、结算。

执收单位不得以任何形式将政府非税收入资金直接上缴上级单位或者拨付下级单位,但国家和省人民政府财政部门另有规定的除外。

第四章 票据管理

第二十四条 省人民政府财政部门负责政府非税收入票据管理工作,统一印(监)制政府非税收入票据。

各级人民政府财政部门应当按照管理权限做好政府非税收入票据的保管、发放、审验、核销、销毁、稽查等工作。

第二十五条 执收单位应当按照财务隶属关系向同级财政部门申领政府非税收入票据。

执收单位应当遵守政府非税收入票据申领、保管、使用、核销、销毁等制度,保证票据的安全和合法使用。

执收单位发现政府非税收入票据遗失、被盗、灭失的,应当及时通过新闻媒体声明作废,并报告同级财政部门。

第二十六条 执收单位执收政府非税收入,应当按照规定向缴款人开具政府非税收入票据。政府非税收入由税务机关执收的,应当按照国家规定使用税务发票。

执收单位不按照规定开具政府非税收入票据或者税务发票的,缴款人有权拒绝缴款。

第二十七条 任何单位和个人不得有下列违反政府非税收入票据管理的行为:

(一)违反规定印制政府非税收入票据;

(二)转让、出借、串用、代开政府非税收入票据;

(三)伪造、变造、买卖、擅自销毁政府非税收入票据;

(四)伪造、使用伪造的政府非税收入票据监制章;

(五)使用非法票据;

(六)法律、法规、规章、规范性文件规定的其他行为。

第二十八条 县级以上人民政府财政部门应当积极推进政府非税收入票据管理电子化,依托计算机和网络技术手段,实行电子开票、自动核销、全程跟踪、源头控制,提高政府非税收入票据管理水平。

第五章 监督检查

第二十九条 县级以上人民政府应当将政府非税收入收支情况纳入年度预决算,每年向本级人民代表大会或者其常务委员会报告。

第三十条 县级以上人民政府应当加强政府非税收入管理的监督检查。

财政部门应当加强对政府非税收入管理情况的日常监督和专项稽查,依法处理政府非税收入违法违规行为。

监察部门应当加强对国家机关及其工作人员执行政府非税收入管理有关法律、法规等情况的监督检查,及时查处违法违纪行为。

审计部门应当依法对政府非税收入执收和资金管理等情况进行审计监督。

价格部门应当按照职责加强对行政事业性收费的监督管理,依法查处擅自设立收费项目、扩大收费范围、提高收费标准等价格违法行为。

第三十一条 任何单位和个人有权监督和举报政府非税收入管理中的违法行为。

财政、监察、审计、价格等部门和人民银行应当按照各自职责受理、调查、处理有关举报或者投诉,将处理结果及时反馈举报人、投诉人,并为举报人、投诉人保密。受理举报或者投诉的部门认为举报或者投诉事项不属于本部门职责范围的,应当在五个工作日内移交有权处理的部门。

第三十二条 县级以上人民政府及其财政部门应当加强政府非税收入绩效管理,完善绩效评价体系。

第六章 法律责任

第三十三条 违反本条例规定的行为,本条例未设定处罚的,依照有关法律法规的规定处罚。

第三十四条 财政、价格、审计等监督管理部门及其工作人员有下列行为之一的,由县级以上人民政府对单位给予警告或者通报批评;对直接负责的主管人员和其他直接责任人员依法给予处分;构成犯罪的,依法追究刑事责任:

(一)对举报和投诉事项拖延、推诿或者不依法处理的;

(二)不履行政府非税收入监督管理法定职责的;

(三)其他滥用职权、玩忽职守、徇私舞弊行为的。

第三十五条 执收单位及其工作人员违反本条例规定,有下列行为之一的,由县级以上人民政府及其财政部门或者法律、法规规定的其他部门责令改正,限期补收应当执收的政府非税收入,或者退还违法执收的政府非税收入;情节严重的,对直接负责的主管人员和其他直接责任人员依法给予处分;构成犯罪的,依法追究刑事责任:

(一)违反规定设立政府非税收入项目的;

(二)擅自改变政府非税收入项目的范围、标准、对象和期限的;

(三)违反规定缓收、减收、免收政府非税收入的;

(四)截留、坐支、挪用、私分政府非税收入的;

（五）执收政府非税收入不按照规定开具票据的；

（六）擅自开设政府非税收入过渡性账户的；

（七）不按照规定解缴政府非税收入的；

（八）违反规定退付政府非税收入的；

（九）法律、法规、规章规定的其他行为。

财政部门工作人员有违反前款规定行为之一的，由财政部门或者监察部门责令改正；情节严重的，对直接负责的主管人员和其他直接责任人员依法给予处分；构成犯罪的，依法追究刑事责任。

第三十六条 代收银行违反本条例规定，不按照规定收纳、清算政府非税收入，或者不在规定的期限内将政府非税收入划转国库或者财政专户的，由财政部门责令改正；情节严重的，三年内不得再确定其为代收银行。

第三十七条 有本条例第二十七条规定情形之一的，由县级以上人民政府财政部门或者法律、法规规定的其他部门没收违法所得、作案工具及非法票据，对单位处五千元以上五万元以下罚款；情节严重的，处五万元以上十万元以下罚款；对直接负责的主管人员和其他直接责任人员处三千元以上二万元以下罚款；情节严重的，处二万元以上五万元以下罚款；属于国家工作人员的，还应当依法给予处分；构成犯罪的，依法追究刑事责任。

第七章 附 则

第三十八条 本条例自2013年10月1日起施行。

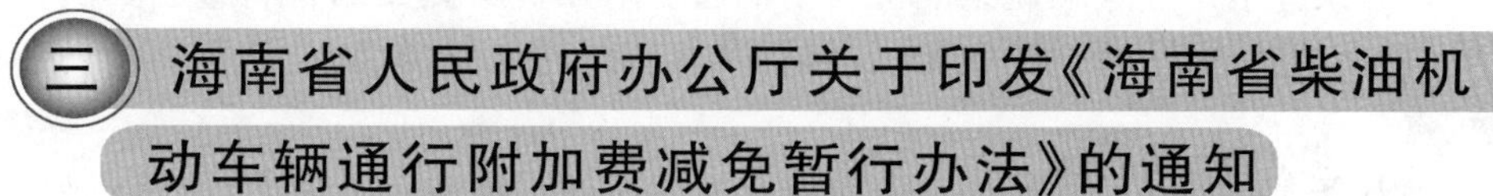

三 海南省人民政府办公厅关于印发《海南省柴油机动车辆通行附加费减免暂行办法》的通知

海南省柴油机动车辆通行附加费减免暂行办法

琼府办〔2012〕165号

第一条 为规范全省柴油机动车辆通行附加费减免管理，根据《海南经济特区机动车辆通行附加费征收管理条例》的有关规定，结合本省实际，制定本办法。

第二条 本办法适用于全省交通规费征稽机构在对柴油机动车辆通行附加费减免的界定及管理。

可以减免机动车辆通行附加费的柴油车辆，是指根据《海南经济特区机动车辆通行附加费征收管理条例》第八条规定的车辆：

（一）拖拉机、三轮机动车；

（二）联合收割机、运输联合收割机（包括插秧机）的车辆；

（三）挖掘机、推土机、装载机等不能载客载货的专用车辆；

（四）设有固定装置的城市环卫车，医疗专用救护车、防疫车、采血车等车辆；

（五）军队车辆、武警部队车辆，以及省人民政府批准执行抢险救灾任务的车辆；

（六）城市公共汽车、农村客运班线车辆。

对进出本经济特区运输鲜活农产品的车辆和经省人民政府批准的其他车辆，可以减免机动车辆通行附加费。

第三条 可以减免机动车辆通行附加费的拖拉机，是指符合《中华人民共和国道路交通安全法实施条例》第一百一十一条规定的拖拉机，即手扶拖拉机等最高设计行驶速度不超过每小时20公里的轮式拖拉机和最高设计行驶速度不超过每小时40公里、牵引挂车方可从事道路运输的轮式拖拉机。

第四条 农村客运班线车辆是指持有发证机关颁发的《道路运输营运证》经营范围栏上标注“农村客运班线”的车辆。符合下列条件之一的农村客运班线，可以申请减免机动车辆通行附加费：

（一）线路的起点、终点均在同一市、县域内且有一端在农村的；

（二）线路的起点、终点在相互毗邻的两个市、县之间且有一端在农村的。

第五条 除拖拉机、三轮机动车、军队车辆、武警车辆以外的有行驶证的免征车辆申请减免柴油机动车辆通行附加费的，应当持以下材料到车籍所在地的征稽部门办理：

（一）车辆的《机动车行驶证》及复印件；

（二）车辆的《机动车辆登记证书》及复印件。

属于城市公共汽车、农村客运班线的营运车辆还需提供标注农村客运班线的《道路运输证》及复印件。

第六条 申请办理免征登记手续的在册车辆，统一在每年的第一季度办理；新增的车辆在《机动车行驶证》登记之日起30日内办理。

第七条 申请办理减免柴油机动车辆通行附加费所提交的材料应当真实、合法、有效，符合相关法律、法规的规定。申请人应当对其提交材料的合法性、真实性、有效性负责。

第八条 免征车辆须凭《海南省机动车辆通行附加费免征凭证》上路行驶。

第九条 本办法具体应用问题由省交通运输行政主管部门负责解释。

第十条 本办法自发布之日起施行。

2012年10月15日

四 交通运输部、国家发展和改革委员会《关于进一步完善和落实鲜活农产品运输绿色通道政策的通知》

关于进一步完善和落实鲜活农产品运输绿色通道政策的通知

交公路发〔2009〕784号

各省、自治区、直辖市、新疆生产建设兵团交通运输厅（局、委）、发展改革委、物价局，天津市市政公路管理局：

为贯彻落实《中共中央国务院关于2009年促进农业稳定发展农民持续增收的若

干意见》(中发〔2009〕1 号)确定的"长期实行并逐步完善鲜活农产品运销绿色通道政策,推进在全国范围内免收整车合法装载鲜活农产品车辆的通行费"政策,为农村改革发展创造良好的政策环境,经研究,现就鲜活农产品运输"绿色通道"政策有关问题通知如下:

一、进一步优化和完善鲜活农产品运输"绿色通道"网络

对《全国高效率鲜活农产品流通"绿色通道"建设实施方案》(交公路发〔2005〕20号)中确定的国家"五纵二横"鲜活农产品运输"绿色通道",各地要坚决落实各项相关政策,免收整车合法装载运输鲜活农产品车辆的车辆通行费。同时,各省、自治区、直辖市要按照中央一号文件精神,结合本地实际,加快构建区域性"绿色通道",建立由国家和区域性"绿色通道"共同组成的、覆盖全国的鲜活农产品运输"绿色通道"网络,并在全国范围内对整车合法装载运输鲜活农产品的车辆免收车辆通行费。

二、明确界定"绿色通道"政策中鲜活农产品的范围

按照交公路发〔2005〕20 号文件的有关规定,享受"绿色通道"政策的鲜活农产品是指新鲜蔬菜、水果,鲜活水产品,活的畜禽,新鲜的肉、蛋、奶。为统一政策、便于操作,交通运输部、国家发展改革委经商有关部门,对鲜活农产品具体品种进行了进一步界定,制定了《鲜活农产品品种目录》(附后)。各地应严格按照《鲜活农产品品种目录》,落实"绿色通道"车辆通行费减免政策。

畜禽、水产品、瓜果、蔬菜、肉、蛋、奶等的深加工产品,以及花、草、苗木、粮食等不属于鲜活农产品范围,不适用"绿色通道"运输政策。

三、落实配套措施,强化监管手段

(一)整车装载的含义。整车装载,是指享受"绿色通道"政策的车辆,装载鲜活农产品应占车辆核定载质量或车厢容积的 80% 以上,且没有与非鲜活农产品混装等行为。未达到上述装载标准,或与其他货物混装的运输车辆,不享受"绿色通道"政策。

(二)规范操作程序,提高通行效率。各地交通运输主管部门要加强收费人员特别是新增"绿色通道"收费站人员的培训,进一步提高一线收费人员对"绿色通道"政策的认知和执行能力。要积极探索研究快速鉴别鲜活农产品运输车辆的方法,充分利用高科技手段,或者综合利用配货单以及农业等有关部门出具的农产品检验检疫证作为鲜活农产品运输车辆的辅助查验手段,尽量缩短鲜活农产品运输车辆查验和通过收费站的时间。

(三)规范路面执法管理,保障鲜活农产品运输车辆的通行安全。路面执法人员在执法中,对鲜活农产品运输车辆轻微违法的,应以教育为主;对严重违法的,要严格依法处罚,努力为鲜活农产品运输创造安全畅通的道路交通环境。

(四)严厉打击假冒鲜活农产品、超限超载运输鲜活农产品等违法行为。对假冒、违法超限超载运输鲜活农产品的车辆,以及有其他违法行为、拒绝通过指定车道或拒不接受查验的鲜活农产品运输车辆,可不给予"绿色通道"免收车辆通行费的优惠政策;对有故意堵塞收费道口等扰乱收费秩序行为的车辆,应按照《收费公路管理条例》等有关规定依法予以处罚。

(五)对经营性收费公路企业的影响进行研究。各地交通运输、价格等部门要对"绿色通道"政策调整对收费公路带来的影响进行认真研究和评估。对于影响较大的经营性收费公路企业，视情给予补偿。新批收费公路项目时，要充分考虑鲜活农产品运输车辆的影响，合理确定其交通流量。

四、做好相关服务工作

（一）加强养护管理，保证道路畅通。各地交通运输主管部门和公路管理机构要切实加强公路日常养护管理，及时修复路面病害，做到路况良好、路容整齐、标志明显、绿化美化、安全畅通。要着力提高公路出行信息服务水平和应急保障能力，保障公路畅通，减少交通延误，提高鲜活农产品运输效率。

（二）规范标志设置，方便驾驶人员识认。为确保鲜活农产品运输车辆能够方便快捷地通过收费站，各收费站点应尽可能开辟“绿色通道”专用道口，并按照《关于规范鲜活农产品流通“绿色通道”标识设置工作的通知》（交公路发〔2007〕24号）的有关要求，在专用道口上方设置统一的“绿色通道”专用道口指路标志，引导鲜活农产品运输车辆迅速通过专用收费道口；同时，在收费站公示牌旁以及通道沿线的醒目位置，设置政策公示牌，向驾驶人员公布“绿色通道”的有关政策规定及监督电话。

（三）广泛开展宣传，营造良好氛围。各地要通过电视、电台、网络、报刊、杂志，以及发放宣传资料、设置公告牌等多种方式进行广泛宣传，力争使“绿色通道”政策的基本内容家喻户晓、深入人心；要深入鲜活农产品生产基地、批发市场、货运集散地，加强对货主单位、承运单位和人员进行政策法规方面的宣传和教育，进一步增强从业人员依法装载、合法运营的意识，为“绿色通道”政策的实施营造良好的社会氛围。

以上，自2010年1月1日起实行。

2009年12月22日

五 交通运输部《鲜活农产品品种目录》

鲜活农产品品种目录

新鲜蔬菜

白菜类

大白菜、普通白菜（油菜、小青菜）、菜薹

甘蓝类

菜花、芥蓝、西兰花、结球甘蓝

根菜类

萝卜、胡萝卜、芜菁

绿叶菜类

芹菜、菠菜、莴笋、生菜、空心菜、香菜、茼蒿、茴香、苋菜、木耳菜

葱蒜类

洋葱、大葱、香葱、蒜苗、蒜苔、韭菜、大蒜、生姜

茄果类

茄子、青椒、辣椒、西红柿

豆类

扁豆、荚豆、豇豆、豌豆、四季豆、毛豆、蚕豆、豆芽、豌豆苗、四棱豆

瓜类

黄瓜、丝瓜、冬瓜、西葫芦、苦瓜、南瓜、佛手瓜、蛇瓜、节瓜、瓠瓜

水生蔬菜

莲藕、荸荠、水芹、茭白

新鲜食用菌

平菇、原菇、金针菇、滑菇、蘑菇、木耳(不含干木耳)

多年生和杂类蔬菜

笋、芦笋、金针菜(黄花菜)、香椿

新鲜水果

仁果类

苹果、梨、海棠、山楂

核果类

桃、李、杏、杨梅、樱桃

浆果类

葡萄、提子、草莓、猕猴桃、石榴、桑葚

柑橘类

橙、桔、柑、柚、柠檬

热带及亚热带水果

香蕉、菠萝、龙眼、荔枝、橄榄、枇杷、椰子、芒果、杨桃、木瓜、火龙果、番石榴、莲雾

什果类

枣、柿子、无花果

瓜果类

西瓜、甜瓜、哈密瓜、香瓜、伊丽莎白瓜、华莱士瓜

鲜活水产品(仅指活的、新鲜)

鱼类、虾类、贝类、蟹类

其他水产品

海带、紫菜、海蜇、海参

活的畜禽

家畜

猪、牛、羊、马、驴(骡)

家禽

鸡、鸭、鹅、家兔、食用蛙类

其他

蜜蜂(转地放蜂)

新鲜的肉、蛋、奶

新鲜的鸡蛋、鸭蛋、鹅蛋、鹌鹑蛋、新鲜的家畜肉和家禽肉、新鲜奶

交通运输部、国家发展改革委、财政部《关于进一步完善鲜活农产品运输绿色通道政策的紧急通知》

关于进一步完善鲜活农产品运输绿色通道政策的紧急通知

交公路发〔2010〕715 号

各省、自治区、直辖市、新疆生产建设兵团交通运输厅(局、委)、发展改革委(物价局)、财政厅(局),天津市市政公路管理局:

为贯彻落实《国务院关于稳定消费价格总水平保障群众基本生活的通知》(国发〔2010〕40 号)和《国务院关于进一步促进蔬菜生产保障市场供应和价格基本稳定的通知》(国发〔2010〕26 号)精神,进一步完善和落实鲜活农产品运输“绿色通道”政策,降低流通成本,更好地促进鲜活农产品流通,现就有关问题紧急通知如下:

一、扩大鲜活农产品运输“绿色通道”网络

从 2010 年 12 月 1 日起,全国所有收费公路(含收费的独立桥梁、隧道)全部纳入鲜活农产品运输“绿色通道”网络范围,对整车合法装载运输鲜活农产品车辆免收车辆通行费。新纳入鲜活农产品运输“绿色通道”网络的公路收费站点,要按规定开辟“绿色通道”专用道口,设置“绿色通道”专用标识标志,引导鲜活农产品运输车辆优先快速通过。

二、增加鲜活农产品品种

按照国发〔2010〕40 号文件的要求,将马铃薯、甘薯(红薯、白薯、山药、芋头)、鲜玉米、鲜花生列入交通运输部、国家发展改革委《关于进一步完善和落实鲜活农产品运输绿色通道政策的通知》(交公路发〔2009〕784 号)确定的《鲜活农产品品种目录》(以下简称《目录》),落实免收车辆通行费等相关政策。

三、进一步细化“整车合法装载”的认定标准

在继续执行交通运输部、国家发展改革委《关于进一步完善和落实鲜活农产品运输绿色通道政策的通知》(交公路发〔2009〕784 号)的基础上,考虑车辆配载的实际情况,对《目录》范围内不同鲜活农产品混装的车辆,应认定为整车合法装载鲜活农产品,按规定享受鲜活农产品运输“绿色通道”各项政策;对《目录》范围内的鲜活农产品与《目录》范围外的其他农产品混装,且混装的其他农产品不超过车辆核定载质量或车厢容积 20% 的车辆,比照整车装载鲜活农产品车辆执行。考虑车辆计重设备可能出现的合理误差,对超限超载幅度不超过 5% 的鲜活农产品运输车辆,比照合法装载车辆执行。

四、加强和规范检测工作,提高“绿色通道”通行效率

各地交通运输主管部门和相关单位要积极争取地方政府及有关部门支持,根据实际工作需要,可在重要路段的“绿色通道”收费道口配备数字辐射透视成像等检测设备,逐步建立以自动检测为主、人工查验为辅的鲜活农产品运输“绿色通道”检测体系,利用科技手段,尽可能缩短鲜活农产品运输车辆的查验时间,提高合法运输车辆的通行效率。对于交通量大、经常发生交通拥堵的收费站,应增设收费车道或加强人工疏导,维护正常通行秩序,确保“绿色通道”畅通。与此同时,各地要加大检查力度,重点打击假冒鲜活农产品运输车辆骗逃车辆通行费等违法行为,确保道路运输行业公平竞争和运输市场秩序稳定。

五、进一步健全监督工作机制

根据国务院的统一部署,完善鲜活农产品运输“绿色通道”政策,由地方各级人民政府负责组织落实。一是地方各级交通运输、价格、财政主管部门要严格执行国务院决策要求,迅速行动,在省级人民政府的统一领导下,不折不扣地落实好车辆通行费免收等优惠政策。二是建立健全政策执行监督机制,明确专人负责,定期对相关部门和单位“绿色通道”政策落实情况进行监督检查。三是公布“绿色通道”政策投诉电话,认真受理群众的举报和投诉,及时研究解决“绿色通道”政策运行中出现的各类问题,切实维护广大群众和公路经营企业的合法利益。四是及时协调解决“绿色通道”政策执行过程中的问题,重大情况要及时向省级人民政府、交通运输部、国家发展改革委和财政部反映。

2010 年 11 月 26 日

七 海南省交通运输厅、海南省财政厅、海南省物价局《关于海南省柴油机动车辆运行附加费征费标准计量及具体缴费方式等问题的规定》

海南省柴油机动车辆通行附加费征费标准计量及具体缴费方式等问题的规定

琼交财运〔2010〕762 号

第一条 根据《海南经济特区机动车辆通行附加费征收管理条例》第七条规定,制定本规定。

第二条 柴油机动车征费标准计量按照下列规定核定:

(一)载货类汽车(包括客货两用车)按照核定总质量的一半核定征费标准计量;

(二)5 座以下的小轿车按照 0.5 吨核定征费标准计量,其他载客类汽车按照总质量的一半核定征费标准计量;

(三)牵引挂车按照牵引车整备质量与准牵引总质量之和折半核定征费标准计量。无准牵引总质量的,按照挂车的装载质量和整备质量之和计算准牵引总质量核定征费标准计量;

(四)机动车辆征费标准计量 20 吨以下的按照全额计征,超过 20 吨的按照 20 吨计征;

(五)征费标准计量尾数在 0.25 吨以上的,按照 0.5 吨计征;不足 0.25 吨的,不予计征;

（六）质量参数（包括总质量、整备质量、装载质量和准牵引总质量）与车辆实际不符，或者核定质量参数资料不齐备的，由省征稽机构按照国家有关标准予以核定。

第三条 根据《条例》第九条的规定，缴费义务人应当按照下列起始日期计征机动车辆通行附加费：

（一）新购置的车辆 领取牌证（含临时牌证）之日起；

（二）转籍至本省的外省车辆，从登记转入日期起；

（三）被盗抢的车辆自追回之日起；

（四）外省车辆进入本省的，从进入本省当日起。

第四条 机动车辆通行附加费可以实行年度统缴，统缴费款可以一次缴清，也可以按照半年和季度缴清。按照季度缴清的费额为应征费额的90%，按照半年缴清的费额为应征费额的85%，全年一次缴清的费额为应征费额的80%。

第五条 车辆因故停驶的，全年累计报停时间不得超过183日。

报停车辆的缴费义务人应当将车辆停放地点书面告知征稽机构。已办理报停手续的车辆，因特殊情况需要移动车辆的，缴费义务人应当提前1个工作日书面告知所在地征稽机构。

实行年度、半年和季度统缴的车辆应当补足与全额缴费的差额部分，方可办理报停手续。

第六条 外省柴油机动车辆进入本经济特区每超过10日的，应当在进入本经济特区的第11日内到征稽机构办理缴费手续，逾期将按照《条例》第二十八条的规定处理。

外省柴油机动车辆进入本经济特区连续超过30日不办理缴费手续的，按照《条例》第二十六条规定处理。

第七条 已缴纳机动车辆通行附加费的机动车辆，因下列原因无法在我省行政区域行驶的，应当办理停征手续：

（一）机动车辆被盗抢的；

（二）机动车辆被依法扣押、查封的；

（三）由于发生政策调整、交通事故或者因不可抗力等原因，机动车辆无法正常行驶的；

（四）本省车辆需要到省外行驶的。

上述情况消除后，缴费义务人应当办理启征手续，并按照在我省实际行驶的时间计征机动车辆通行附加费。

第八条 已缴纳机动车辆通行附加费的机动车辆，有下列情形之一的，缴费义务人应当在10日内到登记地征稽机构办理注销登记，并可以申请办理退费手续：

（一）机动车辆报废、毁损、灭失；

（二）机动车辆转籍到省外的；

（三）机动车辆被盗抢超过90日未追回的。

第九条 符合免征条件的新增机动车辆应当自领取牌照之日起30日内到当地征稽机构办理免征手续；符合免征条件的在册机动车辆应当在每年第一季度到当地征稽机构办理免征手续。

第十条 免征机动车辆通行附加费的机动车辆如改变使用性质、超出使用范围、变更使用单位及参加营业运输等原因不具免征条件的，应当到征稽机构办理缴费手续。否则将按偷漏机动车辆通行附加费的行为处理。

第十一条 《条例》第八条所称的农村客运班线车辆是指县内或者毗邻县间至少有一端在乡村的客运班线。

第十二条 本办法的具体应用问题由省交通运输行政主管部门负责解释。

第十三条 本办法自 2011 年 1 月 1 日起施行。

八 海南省物价局、海南省财政厅、海南省交通运输厅《关于调整机动车辆通行附加费征收标准的通知》

关于调整机动车辆通行附加费征收标准的通知

琼价费管〔2013〕153 号

省交通规费征稽局,各市县物价局、财政局、交通运输局,洋浦经济发展局、财政局:

我省从 2008 年起开征机动车辆通行附加费,较好延续了"一脚油门踩到底"的征收模式,有力促进了我省公路建设和社会经济发展。近年来,随着公路建设进一步加快,公路建设里程不断增加,公路建设投资运营成本大幅提高,现行机动车辆通行附加费征收标准已不适应我省公路建设发展现状和经济发展水平,不能满足"十二五"公路建设发展资金需求,为促进我省公路建设,推进国际旅游岛建设发展,根据《海南经济特区机动车辆通行附加费征收管理条例》(海南省人民代表大会常务委员会公告第 54 号)第五第"机动车辆通行附加费根据本经济特区公路建设发展情况、物价指数等因素适时调整"的规定,经省政府同意,现就适当上调机动车辆通行附加费征收标准及有关问题通知如下:

一、调整机动车辆通行附加费征收标准。

汽油按照销售油品的数量和征收标准价外计收机动车辆通行附加费,柴油机动车辆按核定征费标准计量定额征收机动车辆通行附加费。具体标准为:

(一)汽油通行附加费征收标准由原来 0.9 元/升调整为 1.05 元/升。

(二)柴油机动车辆通行附加费征收标准。

1. 按月征收标准由原来 210 元/吨调整为 220 元/吨。

2. 按日征收标准由原来 10 元/吨调整为 11 元/吨。

二、机动车辆通行附加费的使用与管理,按照《海南经济特区机动车辆通行附加费征收管理条例》的有关规定执行。

三、收费单位应按规定到价格主管部门变更收费许可证,使用省财政部门统一印制的非税收入票据,通过非税收入管理系统征缴,实行银行代收,收入全额缴入省级国库,纳入省级财政预算管理,并自觉接受价格、财政等部门的监督检查。

四、此次收费标准调整,将与近期全国成品油价格调整同步实施。

海南省物价局
海南省财政厅
海南省交通运输厅
2013 年 3 月 21 日

九 海南省人民政府办公厅转发财政厅《海南省罚没收入管理暂行办法》

海南省罚没收入管理暂行办法

琼府办〔2008〕18 号

第一条 为了进一步加强和规范罚没收入管理，保证罚没收入及时、足额缴入国库，促进依法行政，根据《中华人民共和国行政处罚法》和《海南省非税收入管理办法》等法律法规的有关规定，结合我省实际，制定本办法。

第二条 本办法所称罚没收入是指中央驻琼单位和本省各级行政机关、司法机关和法律、法规授权的执行处罚机构（以下简称执罚单位）依据法律、法规，对公民、法人和其他组织在本省实施处罚所得的罚没款和罚没物品的变价款。

第三条 本办法适用于本省罚没收入的收缴、管理和监督。

第四条 罚没收入是财政收入的组成部分，除国家和本省另有规定外，应根据执罚单位的财政隶属关系，全额上缴同级国库，纳入财政预算，实行“收支两条线”管理。中央驻琼单位（含中央驻市县单位）依法罚没的收入中属于地方财政的部分应全额缴入省级国库，实行收支两条线管理。

第五条 财政部门是罚没收入的主管部门，在罚没收入的监督管理中履行下列职责：

（一）负责本办法的宣传和贯彻实施工作；

（二）负责罚没票据的印制、发放、核销和监管等工作；

（三）监督、检查罚没收入的收缴和管理工作；

（四）会同执罚单位按规定处理罚没物品；

（五）其他与罚没收入管理有关工作。

第六条 执罚单位的职责：

（一）向社会公布本单位执罚的法律法规、处罚种类、幅度和程序等执罚依据；

（二）按规定使用省财政部门统一印制的罚没票据，向被处罚人足额收缴罚没款项和罚没物品；

（三）按规定建立罚没收入（物品）台账，按月、季、年度与代收银行核对账务，并向同级财政部门定期报告本单位罚没收入（物品）收缴情况；

（四）其他与罚没收入管理有关工作。

第七条 执罚单位应当严格按照有关法律、法规所规定的处罚种类、幅度和程序执罚，不得扩大处罚范围和提高处罚幅度，不得擅自减免应罚没的收入、不得应罚不罚。执罚单位和个人不得以任何形式隐瞒、截留、坐支、挪用、转移、暗抵、私分或者变相私分罚没收入和罚没物品。

第八条 执罚单位对依法没收的物品应明确专人保管，设立登记台账，结案后国家明文规定不适宜拍卖的物品(如文物、枪支、毒品等)交由专管机关处理并报财政部门备案,其他物品应当按照《海南省罚没物品处理暂行办法》(琼财非税〔2004〕915号)处理,其处理收入全额上缴同级国库。

第九条 除依照法律法规规定可以当场收取罚没款外,罚没收入实行罚缴分离,执罚单位或个人不得自行收取罚没款。受罚当事人应当在规定的时间内到指定的代收银行缴纳罚款;依法当场收取的罚没款或依法处置没收物品所得的价款,执罚单位一般应当在当日,最迟两日内(节假日顺延)将款项直接上缴同级国库。

执罚单位不得开设各种形式的罚没收入过渡账户。

第十条 执罚单位依法查扣的暂扣款、待结案款按照《海南省暂扣款待结案款管理暂行办法》(琼财非税〔2005〕1133号)的规定执行。

第十一条 执罚单位收取罚没收入时必须使用省财政部门统一印制的《海南省非税收入一般缴款书》,罚没物品时必须使用《海南省罚没物品收据》,暂扣物品时必须使用《海南省暂扣物品收据》,并建立健全罚没票据内部管理制度,明确专人负责本单位罚没票据的领发、使用、保管和缴销。

第十二条 执罚单位履行职能所需的经费,由执罚单位编制预算,同级财政部门根据财力状况、执罚单位履行职能的需要审核确定。

第十三条 执罚单位对财政部门核拨的执法经费,应本着勤俭节约的原则,严格按照规定的开支范围和财政部门批准的预算数额使用,不得挪作他用;要建立健全财务管理制度,实行办案经费单独核算,严格开支标准和审批程序。

第十四条 执罚单位违反本办法规定自行处理罚没物品的,罚没物品变价款全部没收上缴国库,并按照《财政违法行为处罚处分条例》(国务院令427号)和《海南省罚没物品处理暂行办法》的有关规定处罚。

第十五条 执罚单位及其工作人员违反本办法规定的,由财政、审计、监察等部门责令其改正,并依照《财政违法行为处罚处分条例》等有关法律、法规的规定予以处理;构成犯罪的,移送司法机关查处。

第十六条 财政、审计、监察等部门应加强对执罚单位罚没收入收缴情况的监督检查,督促执罚单位依法履行职责。对违反本办法规定的行为,一经查实,严格依据有关法规处理。

第十七条 本办法由海南省财政厅负责解释。

第十八条 本办法自公布之日起施行。

(2008年2月3日)

十 海南省交通规费征稽局《关于进一步规范汽油经营和零售管理工作的通知》

关于进一步规范汽油经营和零售管理工作的通知

为更好地贯彻执行《海南经济特区机动车辆通行附加费征收管理条例》,现根据有关规定，就进一步规范汽油经营企业审核发证的有关事项通知如下：

一、汽油经营企业所属加油站或者油库建设的储油设施、输油管道和流量计量装置使用前，应向省征稽机构提交以下材料：

（一）经营企业的书面申请；

（二）油站（油库）平面设计图和效果图；

（三）油站（油库）管道布置图；

（四）工商部门核发的《营业执照》。

二、省征稽机构审核申请人提供的书面材料，并对汽油经营企业的储油设施、输油管道和流量计量装置进行现场勘验，对符合要求的颁发《勘验合格证明》。

三、依照上述规定取得《勘验合格证明》的汽油零售企业建成并验收合格后，应向省征稽机构申报办理机动车辆通行附加费征稽登记证，并提交以下材料：

（一）省计量部门检测合格的汽油罐容积表；

（二）法人代表相片；

（三）加油站（油库）建成后外观相片；

（四）进油口流量计量表安装证明；

（五）《海南省经济特区汽油通行附加费征稽登记证申请审批表》；

（六）省征稽机构颁发的《勘验合格证明》；

（七）省商务主管部门颁发的《成品油经营许可证》。

上述材料审查合格的，征稽机构颁发《海南经济特区机动车辆通行附加费征稽登记证》。

四、汽油零售企业应当在《海南经济特区机动车辆通行附加费征稽登记证》有效期限届满30日前持本登记证及相关资料到省征稽机构办理换证手续。

2011年1月4日

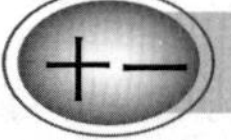

十一 海南省交通规费征稽局《交通征稽执法管理规定》

交通征稽执法管理规定

琼交征〔2013〕216号

第一章　总　　则

第一条　为规范交通征稽执法管理行为，加强执法队伍建设，提高文明执法管理水平，塑造廉洁、高效、高素质、专业化的执法队伍形象，根据《中华人民共和国公路法》、《交通运输行政执法证件管理规定》以及《交通行政执法风纪》等有关规定，结合交通征稽系统的实际，制定本规定。

第二条　征稽执法工作应当符合合法行政、合理行政、程序正当、高效便民的基本要求，遵循公开、公平、公正的社会主义法治原则。

第三条　征稽执法人员应当牢固树立以人为本、依法行政、执法为民的思想，不断提高规范执法和文明服务的能力与水平，坚决杜绝粗暴执法和随意执法行为。

征稽执法人员从事执法活动，应当遵纪守法，遵守《交通行政执法职业道德基本规范》,强化服务意识,塑造文明形象。

第四条 征稽执法人员须具备行政执法资格,持有交通运输部统一制式的交通运输行政执法证。严禁不具备行政执法资格的人员从事征稽执法。

第二章 基本要求

第五条 征稽执法人员应当着装整齐,保持风纪严整,并遵守下列要求:

(一)执法时佩戴统一规定的标志、胸卡;

(二)严禁歪戴帽、卷袖口、敞衣扣、披衣、穿拖鞋、卷裤腿等有损风纪的行为;

(三)不同季节的执法服装不得混穿;

(四)非公务需要严禁着执法服装出入酒店、娱乐场所。

第六条 征稽执法人员应当做到举止文明,保持良好形象,并遵守下列要求:

(一)现场执法要保持端正、庄重,指挥车辆手势要明确、利索、规范;

(二)外出时遵守社会公德、公共秩序和交通规则,维护征稽执法人员的良好形象;

(三)遇有当事人情绪激动或者有过激言行的,要冷静处理,以理服人,不得针锋相对,激化矛盾;

(四)遇有暴力抗法的,要沉着应对,及时报警,注意自身安全,防止事态失控。

第七条 征稽执法人员应当做到言语文明、热情诚恳,表述通俗易懂,并遵守下列要求:

(一)使用规范的文明执法用语;

(二)提倡使用普通话;

(三)严格执行《交通行政执法忌语》规定,禁止使用讥讽性、歧视性、羞辱性、训斥性、威胁性语言和讲粗话、讲脏话。

第八条 征稽执法人员应当保持较高的道德、知识、能力和身体素质,并做到:

(一)熟悉有关法律和基本业务知识,注重学习和实践,努力提高文明执法技能;

(二)忠于法律,忠于职守,有强烈的工作责任心,实事求是,公正执法,严格执法;

(三)不徇私情,勇于坚持原则,敢于抵制当事人利用各种社会关系说情;遇到与征稽执法事项有利益关系的,应当主动回避。

第九条 征稽执法人员应当尊重当事人权利和人格,维护其合法权益,并遵守下列要求:

(一)查纠车辆违法行为时应当先敬礼;

(二)接待群众来访以及与当事人谈话时,应当礼貌待人、语言文明、态度和蔼,及时妥善处理受理事项,不得推诿或者拖延;

(三)严禁使用冷、硬、横、蛮及其他怠慢态度对待当事人。

第十条 征稽执法人员在执法活动中,严禁下列行为:

(一)未按照规定佩戴标志或者未持证上岗;

(二)辱骂、殴打当事人;

(三)酒后上岗执法;

(四)对同一违法行为重复罚款;

(五)违法扣留车辆、物品或者擅自使用扣留车辆、私分扣留物品;

(六)无法定依据执法或者滥用职权、超越职权执法;

（七）利用职务便利索取、收受他人财物或者谋取其他利益。

第三章 奖 惩

第十一条 有下列行为之一的，予以诫勉谈话

（一）对轻微违反上述规定的行为，尚不够纪律处分，或发生违纪案件尚不够追究责任的，由监察审计科诫勉谈话教育，并做好记录和登记。

（二）执法人员被诫勉谈话教育后，又出现违纪违规问题的要从重处理。对不接受诫勉谈话教育，或弄虚作假、欺骗组织、打击报复举报人的执法人员，根据情节轻重，参照《事业单位工作人员处分暂行规定》和《海南省"庸懒散奢贪"行为问责办法（试行）》有关规定进行处理。

第十二条 有下列行为之一的，予以停工检查，扣发当年奖励性绩效工资：

（一）在执法中侮辱他人，打人骂人，行为恶劣的；

（二）对待群众态度生硬，语言粗鲁，故意拖延、刁难事主，被他人投诉，造成不良影响的；

（三）着制服、开执法标识车从事非公务活动，未经批准私用执法车辆的；

（四）仪容不整、举止不端，有损执法人员形象，造成不良影响的；

（五）擅自组织重大执法行动，造成执法人员或执法相对人轻伤的；

（六）上班时间饮酒、打牌、打麻将，或到娱乐场所活动的；

（七）拒不服从领导指挥一意孤行，影响工作的；

（八）违反本规定，不良举止被媒体曝光、群众投诉的；

（九）其他影响征稽部门形象的。

第十三条 着制服或开执法车辆到公共场所饮酒、酗酒、从事非公务性的娱乐活动，违者予以警告处分，情节严重、影响恶劣的提请上级机关予以辞退或者开除。

第十四条 执法人员年内受警诫及以上处理一次的，取消当年度评授先进资格，受两次的，当年考核定为不合格。单位年内受到警诫两人次以上的，取消单位集体评先进资格。

2013 年 8 月 30 日